野犬傳命

在澳洲原住民的智慧中尋找
生態共存的出路

-------->

野犬傳命：
在澳洲原住民的智慧中尋找生態共存的出路
Wild Dog Dreaming: Love and Extinction

作者 黛博拉・羅斯 Deborah Bird Rose
譯者 黃懿翎
編輯 張瑋哲
校稿 劉美玉
封面設計 高偉哲
內文設計 Lucy Wright
總編輯 劉粹倫
發行人 劉子超
出版者 紅桌文化／左守創作有限公司
10464 臺北市中山區大直街 117 號 5 樓
FAX 02-2532-4986
http://undertablepress.com
印刷 約書亞創藝有限公司
經銷 高寶書版集團
11493 臺北市內湖區洲子街 88 號 3 樓
TEL 02-2799-2788
ISBN 978-986-95975-6-2
書號 ZE0137
初版 2019 年 5 月
新台幣 380 元
法律顧問 永衡法律事務所 詹亢戎律師
台灣印製

本書與臺北醫學大學醫學人文研究所合作出版

國家圖書館出版品預行編目 (CIP) 資料
野犬傳命 : 在澳洲原住民的智慧中尋找生態共存的出路 /
黛博拉 . 羅斯 (Deborah Bird Rose) 作 ; 黃懿翎譯 .
-- 初版 . -- 臺北市 : 紅桌文化 , 左守創作 , 2019.05
282 面 ; 14.8*21.0 公分
譯自 : Wild dog dreaming : love and extinction
ISBN 978-986-95975-6-2(平裝)
1. 瀕臨絕種動物 2. 人類生態學 3. 軼事 4. 澳大利亞
383.58 108003355

WILD DOG DREAMING: LOVE AND EXTINCTION
By Deborah Bird Rose
University of Virginia Press

導讀

一個與作者在台灣處境下的敘事相遇

林益仁／醫學人文研究所副教授兼所長
人文創新與社會實踐研究中心主任

「沒有一事物是空無……沒有單單是事物的陌離世界，換言之，根本不存在沒有意義的事物。對許多原住民來說，世界上的所有事物都是充滿生機的：動物、植物、雨水、太陽、月亮、有些岩石與山丘，以及人都是有意識的。」（Rose, 1996）

這本書、這個人

我的好友黛博拉·羅斯教授（Professor Deborah Bird Rose），是《野犬傳命》（*Wild Dog Dreaming*）這本書的作者，她在另一本著作《沃地》（*Nourishing Terrains*）說出了以上這段話。這種對世界的認識幾乎貫穿了她所有的著作，包括經由劍橋大學出版的成名作《我們因澳洲野犬而成為人：澳洲原住民文化的生命與土地故事》（*Dingo Makes Us Human: Life and Land in an Australian Aboriginal Culture*）以及《來自荒野族鄉的報導：去殖民的倫理》（*Reports from a Wild Country: Ethics for Decolonisation*）。「物物相關」（Everything is connected to everything else），以及由此而起的生命意義網絡，她的眾多著作證實了我們可以在不同的人類文化敘事中找到可資詮釋以上論點的線索與精彩故事。這些敘事，套用生態哲學家羅斯頓（Holmes

Rolston III）的話，即是「故事居所」（storied residence）。更重要的是，這些多元與豐富的敘事不應該被西方的知識霸權任意地收編寡占、邊緣化或是排除。

在《野犬傳命》一書中，羅斯教授一方面承繼了與生俱來無可迴避的西方基督教文明影響，另一方面，則是勇敢地闡述她委身且認同的澳洲原民文化精神。這本書在相當程度上，是站在後者的位置對著前者爭辯，並且展開澳洲原民生態文化與聖經敘事的對話。她將故事的關切設定在野犬身上，不是人，也不是上帝。黛比（Debbie，我們習慣這樣暱稱她）是個充滿溫暖且慈愛的學者，沒有架子、心思敏銳。身為人類學家，她不僅能夠善體人意，而且對於生活周遭的非人生命亦有特別的感情與觀照，實在難能可貴。

令人遺憾地，她在二〇一八年聖誕節前幾天過世，留下這本我承諾但卻尚待出版的《野犬傳命》中文翻譯著作，是她目前唯一翻譯成中文的著作。因為如此，我覺得更有責任好好介紹這本書的思想，並陳述它在台灣這塊土地文化處境中的重要性。這本書，跟她的其他著作一樣，都充滿了來自澳洲原住民智慧啟發的信息。唯獨不同的是，她更積極在與澳洲白人墾殖社會中核心的猶太–基督教信仰進行對話，其中明顯之處，即是她在面對「他者」的議題上與猶太裔的法國哲學家列維納斯（Emmanuel Levinas）思想的交鋒。

我相信以這本書的深度與企圖，在不同的學術領域都將激盪出不同的火花，本書的其他推薦序已經做出精彩的評述與推介，在本文中我將集中在她的思想過去如何與台灣的處境互相連結的過程，並且闡釋它的意義所在。以下，我就先從與她相遇開始講起。

二〇〇五年，我在淡江大學主辦的生態論述國際研討會中認識黛比。對於她能將生態哲學的思維連結到澳洲原住民族群命運處境的演說，感到極受啟發與敬佩，於是主動邀請她來台講學。她欣然答應，於是在二〇〇五年底便以「後殖民哲學生態學與墾殖社會的可持續性」(Post-colonial Phiolosophical Ecology and Sustainability in Settler Societies）為題，來靜宜大學進行一系列的演講。在這個系列中，她處理了「關係中的可持續性」、「墾殖社會」、「地方詩學」、「共管」、「解殖民」與「環境正義」等重要的議題，讓我大開眼界，也受益良多。這些議題在後來的十幾年台灣原住民與生態環境的學術研究中，每一個都成為重要的討論題目，亦是學者與政策制定者爭相論述的焦點。

黛比在靜宜大學的講學不僅如此，二〇〇九年就在莫拉克風災發生不久之際，「國際民族生物學會」(International Society of Ethnobiology）第一次亞洲區會議在靜宜大學隆重開場，主題是「當自然遇見文化」，與會學者熱烈討論在自然與文化保育中原住民的位置何在？當時的主題演說者之一就是黛比，她以「神聖故事，有情生態」(Sacred Stories, Sentient Ecologies）為題，再度暢言她所主張的具有原住民知識意涵的解殖生態學，試圖與西方古典科學觀下的生態研究典範對話，指出原住民生態知識的核心在於，對神聖的探問以及說故事的敘事傳統。

聖方濟與佛寺

二〇一三年，我曾任教的靜宜大學生態系因為面臨重新定位的危機，試圖改名為更具有跨領域特性的生態人文系，以便合理地隸屬於人文社會學院。之前，學校在苦於無法定位生態學究竟是科學或是人文社會學科之際，我用電子郵件請求黛比從澳洲寫了正式的信函，並且以她主持的環境人文學社群與期刊（目前由杜克大學 [Duke University] 所出版的《環境人文》[*Environmental Humanities*]）主編的身分來支持靜宜生態系改名與定位的適切性。

基於這層深厚的關係，靜宜大學的生態人文系進一步邀請她來擔任「聖方濟講座」的主講者，這個講座的開座是在二〇〇八年由素有「環境哲學之父」美譽的羅斯頓教授的開座演講所啟動。

黛比的演講主軸是「創造之善與滅絕的幽暗世界」（The Goodness of Creation and the Darkening World of Extinction），四場講演的主題分別為「創造」（creation）、「滅絕」（extinction）、「幽暗中的世界」（the darkening world）以及「看顧的途徑與多物種互惠主義」（ways of caring and multispecies mutualism）。這一系列的演講正好在這本書出版不久，所以演講的內容跟書的主旨有許多互相輝映之處，其中最值得注意的是她持續跟基督教創造教理在生態思維層次上進行對話與貢獻。在「聖方濟講座」的系列演講中，她藉由天主教聖者方濟各視動物與日月星辰為兄弟姊妹的生態連結性思維，並試圖開闢出迥異於基督教回應全球環境危機的「管家」（stewardship）生態神學的另類思考。

我對於黛比的思想，有許多都是從一起走動在不同世界角落中、在親身旅行的經驗中見識到的。在台灣，我們一起去了南投望鄉的布農族部落以及新竹尖石鄉的泰雅族部落。在台灣之外，我們去了澳洲被稱為後山（Outback）的布克（Bourke）附近的干達布卡（Gundabooka）國家公園以及在不丹舉辦的「國際民族生物學會」。我記得在不丹的國際會議開幕式晚會中，我們一起聆聽與感受阿美族歌手 Suming 以他海洋性的歌聲撼動在喜馬拉雅高山山谷現場的國際聽眾，她用不可思議的語調告訴我，說這是一個如此奇妙的生態靈性展現，而關鍵正在於原住民文化底蘊與大地的連結之上。在大會的帳篷內，她要求我協助她專訪當時一起前行，在莫拉克風災後正名的 Kanakanavu 族部落組織工作者 Apuu 有關婦女與自然互動的經驗。我還記得黛比拿著筆記本專注的眼神，以及講到苦楚時她幾乎跟 Apuu 一起流下淚來的情景。除此以外，只要她來台灣一定問我那裡有佛教的寺廟，她想要去參觀，其實她是以人類學的民族誌方式來了解台灣佛教徒的信仰實踐。還有，就是能見到狗的地方她都特別會花時間駐足與詢問。當然，要看見狗這些事在台灣都不是特別困難的事，她關心流浪狗。在本書中，不僅是澳洲野犬，她亦有一段講到歌手湯姆．威茲「雨狗」（rain dogs）流浪與孤苦窘境。

但是，佛教寺廟與狗到底有什麼關聯性？如果沒有促成《野犬傳命》這本書的中文翻譯，我可能從來都不會認真去想這一層關係。這本書的英文副標是「愛與滅絕」（love and extinction），其實跟我們一起參訪台灣廟宇的經驗亦有關係。她知道我的博士論文是探討台灣佛教團體的環保信念與實踐，所以相信我來帶路。此外，我們兩人都有一個來自相同宗教背景的類似緊張，就是我們的父親都是基督教會的傳道人。這本書的作者序言中，她特別提到她很高興她的父親認真地看完這本書的初稿並且給予意見，但這本書卻是很批判地透過澳洲原住民生態思想企圖與基督教教理對話的嘗試。雖然大膽，但從她不停地與猶太哲學家列維納斯的思想對話與在澳洲加入敘事神學的討論群來看，她是極為認真且嚴肅地希望在基督宗教、生態與原民思想上建立對話橋梁的。這個信念即便來到台灣，亦是如此。

我們都相當程度走向佛教與原住民生態思想的探究，並且試圖進行某些有意義的對話。我曾安排她到台中的法鼓山禪院進行禪修，在那裡意外地遇見我博士論文的報導人，當時已是禪院的住持，黛比告訴我她在那裡的禪修經驗非常寧靜且有收穫。我們也到了南投中部的某一間大的廟寺，她的反應卻讓我有一點驚訝。我們從正殿進入，一路參詳殿內的文物與佛像，一直到走出戶外，她突然告訴我身體不適，希望趕快離開那個地方，於是我們沒有久留，便儘速走向停車場。在車上，她告訴我不適的原因是因為看到院內幾棵大樹的形貌。

原民思維與生態關懷

當時我不解地問，為何大樹的形貌會導致不適。她說，她知道那種樹在澳洲荒野狀態時的樣態，但應該是院方為了造景移植的關係，削砍不少大樹的枝幹，讓她感覺就像是人被砍掉四肢一般地恐怖，這個移植造景的後果讓她感到暈眩與不適，於是我們僅能速速離開，喪失了解寺廟歷史、佈教與發展的機會。不過更重要的是這個景象，讓我在事後回想更能了解她在本書第一章的提問，她說：

「因此，愛在生物滅絕的時代喚起的是另一連串的問題。我們是什麼樣的物種？我們如何融入地球系統成為其中的一分子？我們受到什麼道德倫理的召喚？如何在這瞬息萬變的時代裡認識另一個新的故事，使之成為我們的方向？如何激勵人展現豐富、有學問又尊重生命的愛與行動？」

這個提問，說明了她之所以憐惜大樹受殘以及反省人類的作為的用心，特別是宗教團體如基督教與佛教的作為也在她反省的視域中。這個提問也連結到她在本書中的一個關鍵概念「共同生成」（becoming with），意思是「生物和無生物相互依存，我們的生活彼此相關，每個變化的過程都取決於我們與其他生物和非生物的關係」。顯然，寺廟對於大樹的處理是令人失望的。但更重要的是「新的故事」，宗教在當代面對滅絕危機與死亡世界的威脅時，是否有新的詮釋與敘事來回應？對黛比而言，從澳洲原住民眼光中所看到的自然與荒野，並非是那棵沒有被截肢的樹的原始樣態而已。除此以外，更是那個視為己出、彼此互相生成的人與自然的生態倫理關係，這是「新的故事」的底蘊，正是前面所提及「沃地」（nourishing terrains）的概念。

以澳洲原民的「沃地」概念為基礎，黛比在本書中更關心「滅絕」這個對立且迫切的危機命題。她認為滅絕並不能等同個體的死亡。個體的生與死，是一個自然傳承的過程，甚至在群體中成為一種鼓舞的力量。但滅絕則否，她所指出的滅絕如人類歷史中的大屠殺以及人類所造成的物種消失，卻是剛好相反地是要將傳承與新的可能性徹底消滅掉。她指出德國納粹黨徒對於猶太社群的大屠殺、澳洲白人對於原住民族存在的視若無睹、甚至人類對於非人類物種的冷漠與殺戮，在在都反映出這種滅絕心態的恐怖。

在本書中，黛比精彩地闡述了原住民在面對千變萬化的環境中生命故事的流轉與對話的豐富度。她採集了澳洲原住民有關於野狗的神話故事，試圖探討關於苦難與滅絕的當代關鍵議題，並且在其中不斷地與她所出身的基督教文化進行深刻的對話，包括對於聖經故事的批判性解讀，例如：以色列人出埃及時的狗以及守護在受苦的義人約伯身邊的狗。羅斯在此書中對於傳統生態知識的運用做了極佳的示範，提醒了傳統生態知識的建構不是在述說過去的懷舊心態，而是以此作為面對當代生存危機的資源，並藉此眺望與連接未來的自身整體行動。而她所強調的「流轉路徑」(exchange passways)則是行動者跨越古今，且橫貫不同的文化傳統試圖創造對話與連結的努力。我認為在此過程中，走動在這些不同文化傳統的敘事者（narrators）是重要的關鍵。黛比指出她的敘事與詮釋相當倚賴於有智慧的耆老，他們跟故事一樣重要。耆老的智慧，在於他們適時地將過去的經驗與現在的處境進行有意義的連結，並且在不同的話語交會中進行對話。

原住民的傳統生態知識是活生生的脈絡知識，它一直在跟周遭變化的自然與社會環境對話與調整，透過與她一起走動在台灣的原民部落中我深刻地體會到這個道理。傳統生態知識的內涵亦是黛比從本書的生態存在主義的角度所提出「連結性」(connectivity)的主要來源。她說，「連結性」不僅關乎能量、資訊以及生命之間的流轉路徑，更應該包含故事、歌謠以及各種言說形式的「流轉路徑」。路徑越多，就越複雜，也因此多樣性就越高。

「故事居所」與批判敘事

回到靜宜的「聖方濟講座」。羅斯（Debborah Rose）與羅斯頓，兩位「羅」（R-）教授都曾是講者，羅斯頓的開座演講以「上帝的護持與生態中心主義」（God's Providence and Ecocentrism）為題，冥冥之中似乎有一些在台灣社會與生態處境下的意義值得探索。羅斯頓祖孫三代都是美國基督長老教會的牧師，而黛比的父親也是牧師，這本書挑明了與基督教創造教理：上帝—人—自然關係的對話。羅斯頓認為，要展現不同的家園觀點有賴於「故事居所」（storied residence）的文化敘事來表達。「故事居所」，簡單來講就是各個民族在文化中找尋安居之處的歷史故事，換句話說就是一種歷史家園的概念。在經過嚴謹考察下的科學與宗教故事中，羅斯頓教授提出一個既熟悉又陌生的生態倫理命題，就是「造家」（home making）。家，不只是一個屋子。家，是一個有意識的關係網絡連結的過程，食物與居所的提供是這個關係網絡建立的重要元素。故事居所並非僅限於人類，羅斯頓認為自然史中有許多非人類的故事也是很重要的，或甚至更為悠遠。

相較於羅斯頓在科學研究關照之下的自然史，黛比更重視從原民的文化眼光來看待自然，像是本書的關鍵字「傳命」（dreaming），這是澳洲原住民獨特的宇宙觀，是看待自己與世界以及創生神話之間的關係。「傳命」的內涵讓每個澳洲原住民在浩瀚無目標的自然中找到了自己的時空定位。換句話說，「傳命」正是澳洲原住民的「故事居所」。在本書中，黛比的企圖並不止於介紹澳洲原住民的宇宙觀，她更延伸到對於聖經敘事的批判式解讀，像是前面提及的以色列人出埃及時的狗以及陪伴約伯身旁的狗等。更激烈的解讀是出現在第十一章的所羅門的智慧中，論及啃食所羅門王屍身的狗敘事背後的生死觀。此外，在〈雅歌〉書中透過描述愛侶如何浸潤在大地春意盎然的喜悅中，表達「人類與更廣大的世界為彼此注入情愛，也在彼此之間流動那種錯綜複雜與穿透的情愛」，從而開拓以身體感官連結對於世界認識的「生態情愛」。總而言之，黛比認為〈雅歌〉反過來用人類的情愛做比喻，來描述人與自然戀愛的經驗。她大膽且批判的聖經敘事解讀恐怕是羅斯頓所難以想像的。

其實，羅斯頓的生態哲學已經有別於過去以人為中心的思維（anthropocentrism），他強調自然有內在的價值，並且推崇「荒野」（wilderness）的重要性。但是這種強調荒野自身的內在價值似乎與黛比所強調的「野性族鄉」（Wild Country）還是有所差異。最大的不同，可以從黛比的著作《來自荒野族鄉的報導：去殖民的倫理》的副標得知，就是對於殖民歷史的批判與反省，這部分是羅斯頓幾乎沒有處理的部分。雖然，他也曾指出猶太 - 基督宗教中所謂的「流奶與蜜」的「應許之地」（promised land），稍有不慎，很容易會落入「上帝賜予並祝福人為大地主宰」的簡化與傲慢心態，這部分似乎可以解讀為人類對於大地的殖民心態。

因此，羅斯頓主張應以「帶有應許的星球」（planet with a promise）來取代「應許之地」，強調大地有其自身的神聖使命，不應落入成為人類財產的思維。相當程度上，羅斯頓的「帶有應許的星球」與黛比所倡議的「沃地」（nourishing terrain）有異曲同工之妙，同樣都是在講一個帶有內在運作生機的家園與其創造的來源。唯一不同的是，這樣的結論是來自不同的故事傳統，前者是來自基督教聖經創世的敘事，而後者是取自澳洲原住民被稱為「傳命」（dreaming）的宇宙觀敘事傳統。無論如何，兩者都蘊含了豐富的家園營造的敘事。羅斯頓的「應許星球」得力於演化學說的科學啟發，黛比的「沃地」則啟蒙於澳洲原住民的智慧，事實上兩者之間其實也並非沒有關聯。幸運的是，它們都因為靜宜大學的聖方濟講座而被帶進來台灣的處境之中，成為我們對話與思考的資源。

結語與待續

「我與野狗爲弟兄，與鴕鳥爲同伴。」（約伯記 30：29）

我從解殖民的生態思想文字中認識黛比，在本書中我特別喜歡她提到約伯與狗的一段文字遐思。眾所皆知，在聖經中約伯這個義人是個倒霉鬼，他所遭逢的厄運不是來自他是否犯錯的因果論，反而是因為一個上帝與撒但的荒謬賭盤。在某個意義上，上帝太執著於跟撒但的賭注，而招致約伯被背棄在一個幾乎完全無助的情境中，唯一的要求是，上帝要求撒但留他氣息。她暱稱約伯旁邊的狗為小黑，想像牠在痛苦求救無門、不斷呼叫上帝讓他去死的約伯旁邊，有時閒晃、有時舔舔他的傷口，始終不離不棄。野狗、鴕鳥成為那個一時被荒謬地棄絕的約伯的良伴，在受苦中除了不斷地問為什麼同時，這些非人成為化解存在難題的解方。

黛比這個美國人引進了澳洲土著思想，來跟聰明的猶太人對話，這是關於創造與受苦的難題，存在著一種可以共通的智慧等著我們去發掘。其實，黛比談的是「受苦」（suffering）這個主題。人，在世上並不孤獨，有自然為伴，這是黛比的生態存在主義。黛比一向不畏懼死亡，但她熱愛生活在此世上。不是因為她珍惜自己的生命，而是因為她同時愛上這世上那些非人的生命。她對這些「生態他者」（eco-others）深層的愛來自澳洲原住民的視野與智慧，是原住民古老的智慧幫助我們看見人與自然的連帶（connectivity）。

布農族作家 neqou，《東谷沙飛》一書的作者，曾與我一起受黛比之邀到澳洲參訪。他告訴我，布農人所稱的 qaipis（紅嘴黑鵯）是在大洪水災難中，甘願自我犧牲銜火而來的拯救者，相當意義下，牠是布農族的普羅米修斯。不只是牠，還有蟾蜍等其他非人生命也曾試圖相救。大洪水的退卻，更是因為大螃蟹出來擊退堵住河流的大鰻魚所致。自然中的非人前來作伴與搭救人類，在台灣我們也有原民神話的故事版本。本書的推薦序作者黃心雅與阮秀莉教授都同樣深受這些故事的吸引，我們常常在 neqou 南投望鄉的家門前火堆旁徹夜盡興聊談，也因此跟黛比相遇成為好友。人，在創造中並非孤獨存在，這是黛比留下的睿智言語，但並非獨創，而是從原民的古老智慧中詮釋而出。我們很難理解那隻野狗為何無條件地就陪伴在約伯身邊，還有 qaipis、蟾蜍等前來相救，他們不談條件地前來，是否暗示著一種自然之愛的存在？

然而這個自然之愛究竟與上帝有何關係？推薦序作者之一的鄧元尉博士應該很感興趣。他是我過去在靜宜大學的同事，也深知設立聖方濟講座的宗教對話企圖，近年來更熱衷投入相關研究，我相信這是黛比願意與靜宜連結的用意。本書另一位推薦序作者林文源教授是台灣「科學、技術與社會」研究領域令人敬佩的學者，近年來與他的老師約翰·洛（John Law，Actor Network 理論的奠基者之一）教授投入原民在地知識的本體論探討，我們因此結識，黛比一定很高興有這些學者一起來討論她的思想。如果我們舉辦圓桌討論會一定很精彩，很可惜她無法在座，但我衷心感激她以這本書做了極具深意的引言，中文版的推出絕對是關鍵的第一步。談到中文版的翻譯，我要特別感謝譯者黃懿翎小姐，這本書的中文翻譯讓我們師生有機會再次探索深奧迷人的生態思想，尤其「傳命」（dreaming）一詞的中文翻譯實在令人絞盡腦汁。感謝紅桌出版社的劉粹倫女士願意青睞這種特殊的生態文本，一路花心思讓此書出版。我承諾，這一步絕對要繼續走下去。最後，感謝黛比與我們在台灣的相遇，北美原住民喜歡說「在我們的關係連結中」（with all our relations）。

推薦序

「傳命」：故事、傷痛與親密關係

黃心雅／科技部科學發展與國際合作司司長
中山大學外文系特聘教授

「我茫然地站在澳洲野犬的屍體前，直接面對的是隱含了人性以及人與大地上生命之間倫理關係的重要問題。」故事從這裡說起，作者羅斯直指人性中最深沉的傷痛，也召喚了理性主義時代以來人作為理性的主體的價值，反思人類與其他物種間的倫理議題。人類如何融入地球生態系統，成為其中的一分子，對地球萬物的遭遇感同身受，以他者的痛為我們的痛，我他彼此血脈相連，這是作者著書立言的出發點，重新審視理性主體的危機，召喚「愛」在這個生物滅絕時代的重要意涵。

羅斯回憶過去廿五年間離開自己國家定居澳洲，學習原住民生態哲學的「傳命之律」（the law of dreaming），思考萬物親密的聯繫。萬物在「傳命」的版圖中扮演不可或缺的角色；先行者所留下的痕跡成為後代不斷敘說故事的傳承。故事的主體是澳洲野犬（Canis lupus dingo），以人類以外物種的視角，進行跨越學科與地域的論述，質疑理性主義科學主義的謬誤，反思理性傳統下道德和倫理建構的不足。全書以「愛與滅絕」為次標題，用澳洲野犬的生命故事進行「傳命」的爬梳，作者以跨越現代性的理論與哲學探討，融合原住民的在地生活智慧，提供專有名詞在討論艱難問題時表達想法的操作型定義，輔以傳說、故事與想像，交織成動人的篇章，散播面對「物種大滅絕」時代「傳命」的愛的種子。

傳命（Dreaming）：指澳洲原住民描述造物主、起源、創造的過程、誕生和成形，翻成英文即「傳命」。

共同生成（Becoming with）：生物和無生物相互依存，我們的生活彼此相關，每個變化的過程都取決於我們與其他生物和無生物的關係。

簡約來說，本書以「愛」回應「滅絕」。二○○○年諾貝爾化學獎得主克魯琛（Paul Crutzen）與古生物學家史托瑪（Eugene F. Stoermer）正式提出地球已近入人類世的概念，稱目前由人類活動造成的地質變化的規模已經足夠列入國際年代地層表，即地質時標（Geological Time Scale）。人類對全球環境的影響加深加速，一旦超越大氣污染、氣候變遷、核放射物、森林濫伐、生物多樣性衰減等地球耐受極限（planetary boundary），將引發不可逆的環境變化。例如，人類正面對地球上「第六次大滅絕」的危機與挑戰，這個「滅絕」是由單一物種—即我們人類—所造成的，保育生物學所稱的「人為滅絕」（anthropogenic extinction）。「站在澳洲野犬的屍體前」，羅斯看到的是迅速攀升的死亡趨勢，地球一腳踏進生命大舉消失的時代，四十億年來空前的危機。

重新召喚與回應逝去的地球倫理，靈感來自原住民部落傳命的創造。在西方哲學裡，康德與列維納斯以理性主義的脈絡，只考慮人類的世界觀，只有另一個面對面的「人」才是我們應該負責的對象，我們只注視人的臉，兩位哲學家在大屠殺模糊臉龐中，轉換「裸命」為生命敘述，試圖重新建構以人為本的「我」／「他」倫理關係。羅斯批判這種以人為中心的倫理建構，列維納斯身為廿世紀探討「倫理他異性」（ethical alterity）偉大的哲學家，卻無法在他的哲學論述中充分肯定親近人類的動物性中的人性，羅斯的生態哲學則在跨物種「敘事交會」（narrative encounter）間尋找真理，又在情感與創傷記憶的罅隙裡，建構失落的連結，為人與非人鏈結（human-nonhuman connectivity）生命的生成與延續找尋支撐的力量。

澳洲野犬大約五千年前由東南亞遷徙至澳洲大陸，迅速適應大陸的環境，從熱帶雨林到莽原大量擴張，甚至是沙漠及嚴寒的高山帶等各大生態區域。澳洲原住民對於其生活時序瞭若指掌，數千年存續與共，維持親密的夥伴關係。白人殖民囤墾大舉毒殺野犬，加速新大陸動植物種之滅絕，被毒殺的野狗成為之後「雙重死亡」的媒介，在大自然環環相扣的生態鏈裡，吃食已中毒的野犬屍體，因而也被毒害。這所謂「雙重死亡」在當代全球原住民的故事中屢見不鮮。例如，著名美國原住民作家琳達·霍根（Linda Hogan）在其獲獎無數的小說《太陽風暴》（*Solar Storms*）裡記載，部落族人長期吃遭下毒身亡的鹿肉，又不斷看到一幕幕族人死亡的場景，以致精神狂亂，甚而咬食自己子女的臉龐，生命支離破碎，正體現尼克森（Rob Nixon）所謂的「慢性暴力」（slow violence）。跨物種的倫理與責任，真真實實攸關彼此的生死，逆寫了歐洲文化數千年來狹隘的生死論述，其以所謂的「種族」（race）範疇來定義生命的價值，全然無視人類生命以外更寬廣的物種生態底蘊。羅斯屏棄理性主義人與非人的二元切割，擁抱生命的複雜性與連結性。生命渴望「生成」，並渴望「連結」：「生命想要活著，也想要（且必須）與他者一起活著。就某方面而言，連結的渴望不過是陳述一個生態事實，即生物與環境融為一體，互為構成彼此的要素，因此也是彼此需要、互相支持。更深入的描述，包含協同（synergy）的概念」。

萬物共同成為生態共同體，這也就是澳洲原住民生態觀，植根於族鄉（country）的概念。族鄉是一切生靈與生命系統的母體，是人與環境萬物交織共享的時空。人類與其他非人物種的生存形塑大自然物種的多樣延續。地球病了，非人物種的日益滅絕正是尼克森所說的「無移動的錯置」（displacement without movement）。面對這樣史無前例的時空錯置，澳洲原住民族鄉的概念直指連結共生的意涵。

本書套疊許多動人的故事。例如，那些因雨水將熟悉的氣味沖刷殆盡而迷失的「雨狗」（Rain Dogs），找不到回家的方向，徒然地四處遊走，希望找到回家的路。狗有同伴的概念，他們是社會性動物，與人類共同演化，因此嗅不到氣味使他們感受到兩種哀傷，他們不僅找不到回家的路，也失去了同伴。不同版本的故事快速替換，原住民的故事總是不斷地注入新的血液，加入新的面向，包容萬物異己，撞擊出新的元素。提到泰瑞莎媽媽去世後的場景：「整個禮拜晚上雷電交加彷彿是一個華麗的煙火秀，這邊的天氣異象令我不禁思考是否在為泰瑞莎媽媽的傳命喝采，並藉由閃電來告訴她的子孫她即將邁入另外一段生命階段，也順便提醒子孫不要懈怠，繼續傳命的工作」。在澳洲原住民族鄉的生態敘事中，死亡是生命回歸過程重要的一環，以「愛」為依歸，生生不息。對澳洲原住民而言，死亡是一個橫跨兩個世界的過渡階段，死亡並不令人畏懼，反而一個生命重要的過程，如何由死亡再度得到生命，並且將棒子交接給下一代繼續完成傳命的使命：「如果我們能夠像原住民一樣，珍惜每個身邊的花草樹木動物植物上或是形成氣候現象，並且把每個生命都當成生命去對待，那麼我們就能夠成為一個傳命的生態共同體」。

羅斯遠離北美的家鄉，仰望星系運行，由南半球的星空，想像在自己國家的夜空中閃爍的燦美星光，驀然回神，發現自己雖然離大熊座很遠，卻變得與鱷魚座——無論是天上的族人或地上的同胞——更加親近。南十字星座就是鱷魚座。因為作者帶給讀者是這樣寬廣的星球聯繫，我在閱讀與書寫間，將訊息透過日常即時通訊網絡，傳送給我在世界各地求學工作的年輕學生，他們的分享，令我動容：

人與動物是「我們」與「他者」的關係，人類應該思考如何「與他者共存」，也就是思考互動的相對關係：權利、權力與空間關係。由於彼此依賴交換與互惠，因此應該避免人類中心思想。深層生態學探究生態更深層的原則，我們與我們所處的生活空間對話、與廣大的物種社群對話，如此才能認知到人的社會與萬物的自然並非兩者各自獨立，而是彼此造就，從過去到現在社會與自然不該是「零和」狀態，是互相對話的過程，自然是混雜的，蘊含著差異與多重的可能性。

我多麼希望自己在閱讀此書時，是在從森林裡面，赤著腳，隨意坐在落葉鋪成的地上，眞實感受著自然與我是同等的。

我很喜歡她指出因爲環境危機而有緊急與迫切感的回應及行動是很有問題的，取而代之的是「愛」，對環境的愛。這讓我想到在夏威夷，我們最常討論的就是 aloha ʻāina，就是對土地的愛。而且也讓我想到，以原住民的生態觀，他們根本不會破壞環境到出現危機才想到回應，他們與所有動、植物，甚至非生物互動的時候，就已經知道破壞平衡的後果了，所以他們都會遵循祖先的教訓，維持平衡，並且對自然保持愛和敬畏。

羅斯是全球生態界親密的友人，以她美麗高尚的靈魂引導跨國團隊各自在不同的場域，實踐生態的可能。在生病期間，美國著名生態學者也是全球生態人文網絡（HfE）發起人暨召集人之一亞當森（Joni Adamson）安排由她和霍根以對話形式，為生態人文跨洲際網絡的第一本成果專書《環境人文：知識整合，建構實踐的新星系》（*Humanities for the Environment: Integrating Knowledge, Forging New Constellations of Practice*）撰寫領航篇章。兩位作家面對生態浩劫展現勇氣與堅韌性格，以無比巨大靈魂的能量，編織跨洋對話，三年期間透過無數次電話通訊，分享彼此的想法和經驗，以羅斯的話來說，這是我們作為生態物種一份子的深層意涵，以教育工作者的使命感，成就地球生命一部分愛與親屬關係。責任、尊重和包容都不是新的知識，但在我們面對生態浩劫的年代裡，這樣的生存對話，跨越海洋與陸地，串連為生生不息的跨物種連續體（multispecies connectivity），則易顯重要。促成羅斯作品第一部中文譯著的林益仁教授是台灣重要的生態研究者與實踐的行動主義者，豎立無數生態教育與跨國合作的典範，透過他的經驗與知識傳播，在一次次的走動工作坊與跨國參與中，將台灣山林與島嶼的豐富生態，在世界的舞台精彩展演，也把世界帶入這個寬廣生成的美麗島嶼。翻譯是仲介的工作，他和作者是親密的傳承夥伴，用這本書的中文翻譯向我們共同的友人致敬，讓世界生生不息「傳命」。

推薦序

讀黛博拉．羅斯《野犬傳命》

阮秀莉／國立中興大學外國語文學系教授

一、扛鼎之作

本書可說是羅斯扛鼎之作，是原住民族「物物相關」／「萬物相關」（All things are connected）到目前為止最好的哲學人類學申論。「物物相關」／「萬物相關」／「物物交關」是原住民族最重要的原則之一，在當今原住民生態人文論述中常被引用。當初個人和其他學者使用「物物相關」表述，主要在於對照「物我相關」的表述。「物我相關」看到「我」／人／我人之外的非我世界，但免不了還是從人出發的人本主義（humanism）。「物物相關」把人的地位，放回到萬物當中，人甚且不是萬綠叢中一點紅，而是萬綠叢中一點綠。

「物物相關」對照「物我相關」，表述的力道和聚焦點產生衝擊力，但是這個概念長久反覆被沿用，容易流於浮淺的挪用，如原住民和自然和諧共處的制式說法，常常受到浪漫化原住民的抨擊。如何不讓「物物相關」流於口號或表面的望文生義，羅斯繼民族誌《我們因澳洲野犬而成為人：澳洲原住民文化的生命與土地故事》（*Dingo Makes Us Human: Life and Land in an Australian Aboriginal Culture*）之後，在理論上貢獻了深度的表述。

羅斯反對現代理性主義，以熱情與哲思充沛的文字，論述大地上令人喜悅的奧秘，以對抗孤絕與死寂。本書設定的範疇為：在滅絕的世代裡，從人與動物之間親緣關係的角度，來思考並活化世界。若把現時定義為地質紀年的「人類世」，羅斯關切的是，現代性的分離主義，造成我們失去和世界的連結，具現在生物多樣性的滅絕。從這個觀點來看，「人類世」是孤獨的世紀，在真實世界裡共同演化的生命正逐漸消失。

本書以《野犬傳命》命名，對羅斯而言，有什麼比澳洲原住民（以下稱澳原）的傳命故事更能說出「物物交關」的神話現實（如拉丁美洲的魔幻現實）？「傳命」（Dreaming/Dreamtime）是白人的用語，澳原各語族有自己的用語，意思都是「祖先的足跡」或「律法之道」。「傳命」故事是澳原圖騰祖先的創世故事，可說是澳原的口傳史詩：所有的圖騰「生物」／生命體——是的，有彩虹蛇之傳命，也有石之傳命——躍出地面，在他們／她們／牠們／它們的旅程經過，留下地貌／天地樣貌，傳下律法。大型小型的傳命，不計其數。做為圖騰祖先的後裔，各族重要的責任是恪守圖騰祖先的律法，並且他們的身體想像和文化想像都來自圖騰祖先。莫里森（Glenn Morrison）說，以中澳而言，一百五十年來收集、採錄了許多澳原神話故事。他引述弗林德斯（Flinders）大學語言學家尼可斯（Christine Nicholls）博士的說法，傳命敘述和傳命之旅以口述或口唱形式傳承，形成重量級的口傳文學，相當於其他重要的世界文學，如「聖經、可蘭經、印度史詩《羅摩衍那》和希臘悲劇」（*Songlines and Fault Lines* 4）。

二、羅斯哲學人類學的生態論述

羅斯哲學人類學的生態論述取向在第一章就全部攤開來，並且列出解釋名詞，給本書一個清晰的脈絡，將後續幾章會運用到的專有名詞，事先提供相關的操作型定義，以期「在討論困難又有挑戰性的問題時，幫助［她］表達想法。」之所以需要如此聲明，是因為她累積的思考，穿梭在幾個領域之間，逸／溢出單一的框架。

論述於後繼各章依序展開，時有精闢的見解，並且以故事、文學、典故穿插，主要是聖經和澳原故事，約伯的故事、澳洲野犬和出埃及記之家犬、列維納斯狗臉的想像等等，充滿強烈的主見，和異質的介入，有時不免反覆、不免前後言緊綳（如基督教義和澳原言說），但是重要的是，在其思考有所本，有所指，前後貫串形成一家之言說，在眾說紛紜中闢出一條路徑，點亮「物物交關」的倫理世界。

定義部分開宗明義就是「傳命」（Dreaming）。羅斯把澳原各語群的生成故事／史詩連結到生態的生成變化有其道理，在傳命的世界裡人與物共同生化，而且傳命祖先以各種型態活躍在人間，傳命律法也與時俱在。澳原有二百多個語群，有更多的方言，各語族的生成故事名稱都意謂「祖先的足跡」或「律法之道」（"Footprints of the Ancestors" or "The Way of the Law"），「道」指涉的是道理，也是圖騰祖先所經過的路徑，澳洲人類學者統一稱之為 Dreaming/Deramtime，在白人英語和澳原英語皆通用。筆者在論文中曾經用「夢時光」翻譯 Dreamtime，總覺得難以達意，本書音譯「傳命」可謂是神來之筆。

其他切中我心的定義有：

生成（Becoming）：生物和無生物都是未成品。可以說是德勒茲的 becoming 的生態版。

共同生成（Becoming with）：生物和無生物相互依存，我們的生活彼此相關，每個變化的過程都取決於我們與其他生物和無生物的關係。

生成人類（Becoming human）：變成人類是跨物種的課題，在其他物種相伴之下變成人類的我們並不孤單。

連結性（Connectivity）：從生態的交換途徑，擴展到廣義的故事、歌曲和各種生命表達形式的交換，連結成多樣繁複／富的系統。

世界的形塑（World making）：可謂世界化成（worlding）的生態版。（一）我們與他者一起生成的過程中，也創造出行動與意義的大千世界，充滿了生與死的各種可能；（二）生物與無生物是未成品，都在生成（或毀滅）的過程中，意謂著大地本身也是未成品。所有的生物都參與了世界的塑造（和毀壞）過程。

倫理（Ethics）：可謂列維納斯倫理學的生態版：和他者面對面的交會，承認並回應他者的呼喚，理解彼此共同生成的事實。

開啟（Opening）/開創（Opening up）：變的過程及倫理發生的過程（改寫自海德格、哈洛威等作者的生態版，各種存在交會時「被碰觸與回應的經驗」）。

死亡：世界和生命毀壞之處。

野性（Wild）：脫韁野馬，拒絕臣服於確定性、二元對立。

準此，羅斯一步一步擴充、演繹、延展、連結形成一套「物物交關」的生命敘述。所以上帝不是教義裡的上帝，是力量，是維基·海恩式的信仰，對海恩而言，「宇宙中每一個人與物都是被愛的他者」是事實（Reality）與真實（the Real）。

羅斯最後來到舍斯托夫（Lev Shestov）式的「如世界般瘋狂」，「沉浸在這生命星球的力量、任性、連結與不確定性之中」。推到極處，舍斯托夫是瘋魔版的愛之哲學。Madly in love with the world。是遇見野性的上帝。

三、**愛、生態存在主義、故事與死亡**

更詳盡的說，對於地球面臨的生態與環境危機，許多敘述會訴諸恐懼，希冀能夠激發行動。提出大滅絕的遠景的確令人望而生畏，但是羅斯在本書嘗試提出另一種強烈的情感：愛，做為動力，因為人會「救其所愛」。本書深度探索愛的能力，相信有能力愛，就有能力改變。在這個物種因為有意無意的人為因素（homogenous crisis）而大量凋零的年代，本書也是一部在「人類世」（anthropocene）中的愛的哲學，超越人本（humanism）——以人類為本——的關係循環。

羅斯延伸「生態存在主義」的概念，來探討人類活在自然中的身分與角色。羅斯的「生態存在主義」告別西方世界長久以來對秩序、確定性與可預測性的深層渴望，擁抱俄國非理性主義存在哲學家列夫·舍斯托夫和澳洲「絕頂聰明」的原住民老提姆·以寧加雅瑞。他們兩人都體悟到，「生命的世界錯綜複雜、變化莫測、充滿了不確定性和生命奧秘突然的大發生，是超乎常人所能理解的。他們殊途同歸，大智若愚，孕育出野性的智慧。」舍斯托夫「反對理性至上的現代主義，並提出生命勝過知識，在他『瘋狂』世界觀裡，變異性與不確定性都是生命的泉源。」原住民老師則讓羅斯學習到，如何體驗這個世界的不確定性，以及在變化無窮與流動的世界裡，接受精神和形體的物我轉換。

澳原的多物種親緣關係更是羅斯的倫理架構的基礎，打從一開始澳原和動植物的關係就是親緣關係，而不是物種關係，落實在有形的倫理與責任義務當中。澳原跨物種的親緣關係和一般人類的親緣關係一樣，也有親疏遠近的分別，而他們口中的世界和他們述說人類如何融入世界的故事，就是和在地的存在共同生成，共同創造（becoming-with, sympoiesis）。

故事是澳原串連一切的核心，澳原原運重要人物愛德華·強森（Edward Johnson）告訴羅斯故事的倫理，在於「直接與鄰舍和他們的故事面對面，並將故事傳講下去……」他站在聖址，述說著故事、歌謠、儀式，以及傳命版圖之間的連結性，每一個族群都有義務認識族鄉和地方的「傳命之律」（Dreaming Law），族鄉之間因「歌之徑」

的敘述和路徑相互交接（handover）、連結。準此，滔滔不絕地將故事說下去，把大家變成鄰人，在故事裡面對面，是倫理的手段也是實踐。說故事、聽故事極其重要，說別人的故事、聽別人的故事是倫理的開端。

最後羅斯回答一個困難的問題：死亡，而她的回覆：死亡是連結性倫理的一部分。羅斯說老提姆的族人有第一條誡命的話，必然是不可對動物之死視而不見。「汝不可殺人」的誡命看不到動物之死，愛與關懷的倫理則並未將動物與死亡排除在外。在打獵與採集的世界裡，「死亡和延續是完整生命的核心面向」，而每一次的死亡都意義重大，所以獵人必須具備對於「連結性的基本瞭解或自我規範的能力」。生命是禮物，死亡也是禮物，生命接受死亡的禮物／奉獻，得以延續。有責任的活著，是對禮物的回應和回饋。阿門。

感謝譯者、感謝益仁老師、感謝促成此書在華文世界發行的所有人，在羅斯頓和柯倍德（J. Baird Bailcott）的環境哲學和倫理學之後，獻出注入原住民思維和世界觀的生態倫理學。

推薦序

以生命之愛抵抗滅絕之惡

鄧元尉／輔仁大學宗教學系助理教授

黛博拉．羅斯（Deborah Bird Rose）女士是一位跨領域的人類學家，長年在澳洲從事田野調查，關切當地原住民在後殖民時期的生存處境和環境議題。這部擺在讀者眼前的獨特作品，就是羅斯目睹一場生態滅絕事件的記錄、反思與諍言。這場事件的主角是澳洲野犬，但她並不只是為這個瀕危物種請命，她也捍衛那些與牠們共同生活的原住民，並最終呼籲守護地球上的所有生靈。她在這個區域性的滅絕事件中看到全人類的命運，因為澳洲野犬所遭受的虐待和殺戮，同時也反映出澳洲原住民在生命、財產、土地、生活方式各方面所面臨的剝削和掠奪，並遙遙呼應當代的種族大屠殺。她在這些悲劇中洞察到同一種根本性的毀滅力量，這股力量是如此牢不可破地深深嵌入西方文明，以致於大部分人仍舊固執地走在同一條道路上。

當代已有許多思想家，在目睹大屠殺之後，嘗試指出大屠殺與西方文明間的內在連結。也已有不少環境學者在種族屠殺與生態滅絕間建立類比。但羅斯的獨道之處是：她在西方文明自我反思的成果、與從這塊對西方文明來說的化外之地所所孕生的生態智慧之間，找到某種共鳴之處，由此形成一套富有啟發的生態哲學，並以「生態存在主義」名之。在這部作品中，來自迥異傳統的智者們彼此對話、交相詰問、相互補充，沒有確定的答案，但就在對話間依稀勾勒出一個方向，指出對抗滅絕力量的契機，一個以愛為名的回應方向。

＊＊＊

這是一部由宗教與哲學交織而成的作品。在西方思想傳統中，宗教與哲學的結合司空見慣，但本書是一個奇特的例子：原住民宗教和存在主義哲學的結合。羅斯以人類學家的身分敘述澳洲原住民的在地生態智慧，她也以哲學家的身分闡述此一生態智慧的普世意義。因此，當我們讀到羅斯所鉅細靡遺加以描述的那些與澳洲野犬相關的神話，不應視之為某種區域性的、未開化的、與我們漠不相關的迷信傳說，反而要看到：在相關的信念和儀式中，的確存在某種對於世界的洞察，此一洞察可以藉由一個對話的過程而被賦予哲學意義。這些洞察不應因著它們的神話形式而被身處現代社會的人們所理所當然地貶低和忽略；相反的，藉由此一跨文化交談的過程，反倒突顯出現代文化有著屬於它自己的神話，一個以理性、技術、效率、控制、利潤為名的神話。

因著原住民的生態智慧並沒有、甚至反對系統化和理論化，羅斯採取了她所謂的「敘事交會」作為論述策略，在澳洲野犬及原住民的故事和西方文明中隱約與狗有關的故事間來回。前一個故事講的是原住民如何與其他物種相依相存、甚至互相滲透、變形的故事，這是愛的故事；後一個故事則是一段漫長而不見天日的無聲歷史，它被遺忘、忽略、壓抑，需要從經典中抽絲剝繭、仔細審視才得以回原，這是滅絕的故事。這兩段敘事分別展現在原住民的神話和基督教的經典中，當它們在現實中交會時，則具體表現為澳洲野犬的滅絕敘事和基督教文明對澳洲原住民的掠奪敘事，羅斯所尚未能講出、但卻衷心期待人們終究能夠講出的，則是在現實生活中挽救生靈、實現眾生平等的愛的敘事。

藉由敘事交會，羅斯一步步以哲學概念來闡述原住民的生態智慧，這整個工作就如同她在敘述原住民儀式舞蹈時的一個用語：「前後翻轉」，這詞意味的是：看似不相干、甚至對立的事物，其實是彼此連結、相互塑造的。羅斯既敘述了澳洲原住民在人與狗、生與死、分離與回歸之間翻轉的信念，也以這部作品實現了在西方文化與原住民智慧、哲學與宗教、節制與癲狂間的翻轉。藉由這個過程，一幅結合諸多智慧傳統的生態哲學逐漸浮現出來。這是怎樣一種哲學呢？有兩個核心概念：連結性與不確定性。

地球上的所有生靈都生活在一個相互連結、相互影響的世界，無論我們承不承認，都處在和其他物種共存共榮的關係中，一切生物個體的生與死也都由此一關係所承載。在此，生與死是彼此依存的，沒有生命就沒有死亡，反之亦然。萬物的共存關係有一個特質：不斷變動，更好說是不斷流動。這是一條由一切個體的生與死所共同構成的生命長河，萬物在生命長河中攜手前行。因此，眼下的世界並不是靜態的，它擁有各種新的可能性。隨著生命長河的流動，人類出現了，但人類的文明愈益將這道生命長河帶往一種悲慘的可能性：滅絕，也就是這道生命長河本身的終止。因著滅絕是從生命長河孕育而出的人類自己一手造成的，於是，這道生命長河本身的存續或中斷，就對人類帶出了一個倫理問題：人類是否應對滅絕事件負起某種責任呢？

掌握這個價值趨向是很重要的，因為羅斯所訴求的哲學資源，是西方哲學史上相當晚近的思潮，是對那種追求確定性的西方主流哲學傳統的反思和批判，以致於常被理解為是相對主義和虛無主義。但是，當羅斯倡議要以不確定性對抗確定性時，她並沒有要走向相對主義和虛無主義，她的價值趨向非常明確，就是讓生命長河繼續湧流下去。出於此一價值趨向，她才著力批判追求確定性的哲學傳統，因為正是後者帶來了滅絕的危機，即使這危機並非過往哲人的原意。那麼，過去的哲學又何以致此？在羅斯看來，主因在於追求確定性的哲學並沒有辦法真正肯定生命。她指的是生命長河本身，而不是個體生命，相反的，正是因為蓄意追求個體生命、逃避個體死亡，這種追求某種「個體永生」的渴望，反倒傷害了那個同時包容生與死的整體生命之流，最終導致了滅絕。相對於確定性，羅斯強調的不確定性意味的是：生命不是我們所能控制的，生命的未來是完全開放的，並沒有某種既定的終極目的。我們所能做的、同時也是我們所應做的，就是把自己交付給生命之流，交付給和其他物種共生的連結之網，然後我們會與生命的奧祕相遇。

這種能夠對抗滅絕的連結性和不確定性所帶出的倫理籲求就是跨物種之愛，不過，羅斯並沒有提出明確的道德律令，因為一切道德律令都須視乎我們在生命之流的時間點上、在跨物種連結之網中的位置而定。最重要的事情就是讓生命之流繼續下去，這意味了要讓故事繼續說下去，持續進行跨界對話，讓敘事交會得以發生；不懈地在連結中改變，不斷地與其他物種共同演化；不要封閉，不要害怕改變，不要逃避與其他生物的連結，更不要因為想要控制自己的生命、占據生存資源，而去奴役和殺害其他生命。

***

這部作品對基督教提出了嚴厲的批判，也對聖經作出頗富創意、但恐怕也令基督徒深感不安的詮釋。這一方面反映出羅斯對澳洲原住民遭受西方帝國主義剝削的關切，另一方面則延續了西方環境倫理學自林懷特（Lynn White）以來將基督教視為生態危機之根源的理論傳統。但這兩方面其實都與我們自己的文化處境和生態議題無關，因此，讓我們對此一批判特質略作評估，以避免它阻礙我們對本書的理解。

基督教與生態危機的關聯是一個極為複雜的課題，任何單純的控訴或撇清都有化約之嫌。羅斯就如同林懷特一般，試圖在西方文明的歷史脈絡中解釋當代生態危機的發生，但這樣的理路容易忽略一個問題：生態危機是一種總體性的危機，人類對自然狀態的感知以及對環境極限的判斷，總是基於某種社會條件，因此，在建立生態危機的歷史系譜時，這個建構工作本身其實也反映出理論家在其所屬社會處境中的特定視野。當羅斯從一個極為獨特的文化處境與生態議題出發、重新理解基督教文明的諸多元素時，這樣的論述方向有可能過度簡化人類與自然相遇的複雜性，並在窄化觀察的過程中產生焦點上的偏誤。

同樣的問題也反映在羅斯對列維納斯的批評上。可以明顯看到，列維納斯的哲學對羅斯有很大的啟發，也正因如此，她對列維納斯唯一談到狗的一篇文字未能提出令她滿意的論述、尤其是未能將狗視為他者而耿耿於懷。但這樣的介懷其實一點都不必要。列維納斯的他者概念不是其一個有待理性思維去處理的課題，而是推動他的思想工作的動力，對列維納斯本人來說，他者概念的指涉最終是以相當限定的方式體現在「受難的猶太人」身上；而對任何從其哲學獲得啟發的人來說，完全可以將他者概念體現在其他指涉上（當然也包括其他生靈），關鍵是體認到這位他者對自我的存在暴力提出的質疑、並召喚守護他者的道德義務。

羅斯對基督教的批判也多少帶有這種偏誤。她在聖經中尋找狗的身影，而那些與狗有關的敘事並不令她滿意，於是她透過一個全新的視角重新詮釋經文的意義，並由此表達她對西方文明的不滿。我們並不需要糾結於聖經該如何詮釋（畢竟這不是一本神學作品），而是看到羅斯要透過這些詮釋來傳達的信息，也就是她一再提到的連結性與不確定性。她真正要批判的與其說是聖經本身，不如說是尊奉聖經的那個傳統，一個以切斷人類與其他生靈的連結性、並著意尋求各種確定性（包括釋經的確定性）的那個傳統。回應羅斯籲求的方式，不是爭論這個傳統的過去面貌，而是為這個傳統開創嶄新的的未來。無論在歷史上基督教曾經有過怎樣的面貌、聖經曾被賦予怎樣的詮釋，在未來，基督教都可以是另一種面貌，聖經也可以有別種詮釋，重點是這樣我們如何走向一種更具有生態意義、更加友善自然環境的未來。

這個透過轉化而走向未來的目標，在西方的某些特定脈絡下可能需要對某種宰制性的傳統進行批判、反省和清理，但這個清理工作本身並不是普遍性的和絕對性的。因此，我們並不需要執著於羅斯的聖經詮釋的「正確性」。相反的，她的方法論對我們毋寧更有啟發：透過一個敘事交會的過程，拒絕讓單一的主導敘事全面主宰我們對世界的理解和與其他生靈發生關係的方式，在不同敘事的緊密纏繞、彼此詰問、相互滲透中，可望幫助我們在看似堅固密實的傳統中為他者撐起一方空間，有如是在荒蕪沙漠中的一片綠洲，讓某些未曾被正視的存在可以有避難棲息之所，也讓某些新的事物可以在傳統內部萌芽。借用基督教神學家沃弗（M. Volf）的用語，這是在自我的內在開拓一方迎接他者的空間，其用意是讓對他者的擁抱得以可能。

羅斯女士在二〇一八年底過世了，但她曾經說出的故事，如今才剛要在這塊土地上被翻譯成中文，等待著與我們自己的故事相遇。就如她在書中提議的，應該要與鄰舍的故事面對面，並滔滔不絕地把故事繼續說下去。於是，這本書也就對讀者提出了一份邀請：帶著台灣自己的生態敘事來與澳洲野犬的敘事相遇，看看是否能夠得到什麼啟發，並努力與那些和我們共生共存的物種建立起更深的連結。

推薦序

與內在的他者重啟對話

林文源／國立清華大學通識教育中心教授

> 以什麼思想思考（其他）思想、以什麼知識理解（其他）知識、以什麼關係關聯（其他）關係、以什麼世界實現（其他）世界，以及以什麼故事述說（其他）故事是至關緊要的。[1]
>
> 唐娜．哈洛威 *Donna Haraway*

本書是關於澳洲原住民、他們與野犬的傳命（dreaming）世界，以及當代世界的文明、產業與思想的關聯與斷裂。黛博拉．羅斯深入淺出地穿梭在傳命故事、後殖民、倫理學與生態省思間，闡述提示跨物種生態倫理的緊張與必要。很高興中譯即將問世，相信能為中文世界讀者帶來更多起發。很榮幸有機會先閱讀這個深刻著作，並抒發一點想法，為讀者推薦。

從學理上來說，羅斯探討，相較於在西方科學、工業、畜牧產業利益之將野犬、生命與死亡隔離、「掃出去」，澳洲原住民與野犬間以生命、死亡、責任與倫理的具體連結，所傳頌的各種故事。由全世界與全人類的歷史——老提姆的狗學（dogsology）為起點：狗是人類祖先與血親，例如澳洲野犬是原住民的父母，白狗是白人的父母。羅斯半敘半自省地由一個個事件、故事、場景，穿梭並連結神學、倫理學、產業擴張殺戮與生態災難所構成的線索，展示另一種傳命關係的族鄉（原住民意義的連結性區域，而非現代政體）中的物種相連、生生不息與死亡浪潮交錯其中的世界。在此多物種相連意義上，許多他者（the other）其實都是內在於人之所以為人的內在他者（the others within）。

在這些論述中，除了羅斯旁徵博引各種哲學思辯與故事犀利而發人深省，加上老提姆的故事引人入勝，一點不覺艱澀。雖然眾多思想間，我僅能部分領略，卻已有相當啟發。尤其是其中闡述關於探索他者與自身存在的連結如何可能與不可能，更對我有深刻共鳴。我想信許多讀者都能從中獲益。

跟隨澳洲原住民認為好鄰居要不斷地說出關於自身生存狀態的故事的習俗，以下用幾個關於我自身知識與生活領域的內在他者的故事，闡述我被引發的思考，推薦本書。

一、社會理論想說什麼

本書闡述核心之一是人類在文明演變中，不斷以各種方式加深自身與世界萬物的隔絕而益感孤獨。因此，老提姆代表的澳洲原住民所闡述的傳命世界、與野犬共同依存的起源與創造過程，對我們而言是失落的世界。甚至，對許多學科而言也是。

例如，我的專業養分之一是社會學，而其中也有以社會學語言述說澳洲原住民故事的另一種版本。例如，涂爾幹（Emile Durkheim）對澳洲原住民宗教與圖騰的研究，是結構主義取徑研究社群象徵主義的奠基之作。然而，在其中人與動物的連結、集體超越性以及狂喜時刻，在社會學正統化的解讀後，都再次成為「社會」（the social）

的替身。

如同哈洛威的提醒，用什麼故事述說（其他）故事至關緊要。事實上，對社會學而言，由社會學理論講述的故事，除去枝節，許多都成為關於「社會」的故事，甚至，更只是關於現代、理性、工業化、都市的「我們」的「社會」。因此，企圖重新擴大、重組社會（學）的拉圖（Bruno Latour）甚至認為社會學不應執著於（既成）社會的社會學，他說：「行動者有許多哲學，但社會學家認為他們應該只堅守其中的一些。行動者為這世界提供了多種作用力，而社會的社會學家告訴他們世界「其實」是由哪些構成元素所組成的。」[2]

如何重新理解諸多行動者與萬物參與的社會？社會是什麼？我們又是誰？應該是誰？這是本書讓我想起第一個關於我自身專業理論語言與存在的故事。

二、中醫的消失世界

如同澳洲原住民與多元物種的連結，漢語思想資源中，也有類似線索，也延續到今日。在十年前幾個偶然機遇中，促成我嘗試探索中醫的世界。長年研究生物醫療的我對於中醫藥相關田野經驗並不陌生，但是，在之前，從不自覺的生物醫療中心視野，我都是以「另類」醫療、醫療「傳統」與「文化」的角度安置這些故事。所以，如同本地社會的主流認知，儘管中醫一直無所不在，但在我的研究中也一直做為其他而存在。

當我開始正視中醫思維，並嘗試將中醫視為一種思考方法，而非研究的對象，去看待中醫自身，甚至反思醫療社會學、甚至是科技與社會研究（STS）對知識的預設時，一個新的世界逐漸展開。[3] 儘管今日對歐美各種霸權的批判已經相當成熟，然而，試想，當我們以批判之名反思歐美文明、理性與科學時，我們使用的語言與分析架構，卻仍限於西歐文明的特定思維模式，這毋寧是相當怪異的一件事。

如何深思此問題且致力地方化（provincialize）歐美呢？這在人類學、歷史學已有許多重要建議，一種可能途徑是，使用不同的語言與方法去思考思考本身，藉此位移兩者的語言與思考架構。[4]例如，數千年前的漢語世界存在著氣化觀點，其中，人與萬物一同化育，共聲共感、同氣相求的思維，形成某些中醫對於脈勢、病勢、藥勢的觀點與實作方法。

這些觀點，例如「勢」，不但不是當代科學、更不見容於當代生物醫學，甚至也無法進入當前的人文社會科學的語言與思維。經常只是做為材料與個案，成為以（西歐特定文明思維為基礎的）學術語言與方法的被分析對象。然而，重新正視在地日常語言與生活，這些消失在學術、理性與醫學世界的勢與氣，卻仍活生生地存在我們的生活世界中。

這毋寧是另一種版本的失落傳命世界。若是反過來，以此他者思維嘗試反思現代性、分析語言的預設，以及理性思維的疆界的話，那是什麼景觀呢？又將帶來哪些思考潛力？又會帶領我們進入那些未思之境呢？又是哪些「我們」參與這種思考呢？[5]

這是十年前開啟的一個機緣，切身地督促著我持續摸索中的未知探索。也是本書讓我想起如何嘗試位移現代、理性的第二個故事。

三、萱萱的凝視

除了澳洲野犬，羅斯在本書中生動地敘說著許多的狗的故事，但這些狗也經常成為不在的存在：列維納斯有巴比，但在列維納斯與巴比面對面的倫理學中，他卻只寫一半的故事：為了人的獨特性，以不對稱的倫理拋棄巴比的倫理地位。而大衛．魯睿為挽救人與動物間的界線，拋棄小伙子，卻反應出自身的屈辱與僵死心靈。而〈出埃及記〉中，還有被上帝噤聲的狗。

在閱讀這些狗與他們的故事時，在我的書桌前與身後，我看到我的貓。金萱是三歲的橘白公貓，跟他（非血緣的）兩歲半的灰虎班妹妹普洱與我們住在一起。我們平常叫喜歡吃的金萱為萱萱、胖萱、小萱，喜歡搗蛋的普洱則是妹妹、壞妹。

當我坐在家中書桌前用電腦寫作時，萱萱喜歡趴在螢幕跟鍵盤之間，打游標跟睡覺。雖然他小時候空間相當寬敞，但是自從一年半前，他長大了，空間顯得相當侷促，也讓我必須將自然輸入法游標移到螢幕中間。而妹妹則喜歡跳上我背後的書架，居高臨下地監督我的進度，但過一下子，便自顧自理毛然後睡覺。當我寫作這段文字時，兩貓都拉長身體，在螢幕前睡覺。

從社會理論到多重世界，正視中醫思考而嘗試從失語時的提問，到逐漸掌握勢的思維邏輯的近幾年，萱萱與妹妹見證了這些過程。我在疑惑、詞窮或不得其解時，往往停下來拉拉萱萱的腿、摸摸背，或是站起來叫喚妹妹下來吃飯。萱萱經常認真地望著我，有時也若有所思地歪頭凝視螢幕。但妹妹只是伸頭望一眼，再埋頭苦睡。這些是我以書寫作為研究者生存狀態的一部分，不可見於讀者的部分。

本書喚起這些非學術的不可見日常。雖然我不在澳洲，而更不是原住民，但藉由老提姆的故事重新看待當現代制度與知識讓我們與萬物隔離，但卻同時有越來越多的伴侶動物逐漸以（擬似）家人關係與我們重新連結的雙向過程，則頗有深意。

如同萱萱，這些當代社會的新參與者，多數時候並未重新進入關於我們、社會與存在的敘事與想像中，或是只是成為相當單一地存在。即使有不少學者對此已有相當研究，例如哈洛威對伴侶物種討論等，但我自己仍然對他們的世界失語。再由此延伸，周遭的各種生物、一草一木都以各種生命與存在姿態參與著我們的生活。如此，在人類中心、理性中心之外，當意識到這些身外之物都以各種姿態、故事與凝視參與我們世界的多元物種共同體構成時，此時、我們的多重自我如何順應各種連結性倫理，形成新的樣貌？這顯然值得我們每個人深思。這是本書提醒是否可能背叛我們每個人的人類中心存在與思考的第三個故事。

這三個故事僅是個人部分存在狀態與本書的連結與共鳴，但本書的傳命意涵與啟發遠不止於此。期待中譯本與讀者的相遇將促成更多對學術、理性、人類中心語言的位移，重新思索多物種交織的倫理與存在。

野犬傳命

在澳洲原住民的智慧中尋找
生態共存的出路

黛博拉・羅斯

-------->

WILD DOG
DREAMING
Love and Extinction
Deborah Bird Rose

第一章 智慧哪裡找？

幾年前，我朋友潔西卡來辦公室跟我說一件可怕的事：她在離坎培拉不遠處，發現樹上吊著幾隻死掉的澳洲野犬。我聽了雖然害怕，卻又忍不住好奇心的驅使，親自跑去看了。情形就如我朋友所說的，澳洲野犬頭下腳上被懸掛在樹上，身體拉得好長，又為人類暴行的歷史添上一筆奇怪的紀錄。我在樹下徘徊，一陣腐敗的味道伴隨著恐怖感襲來，使我口乾舌燥、喉嚨緊縮。暈眩讓人脫離現實，我不知自己身在何處，只好一直盯著停在身後的卡車，提醒自己：現在是廿一世紀；我住在澳洲首都，剛剛才從家裡開車過來；我正站在國家公園外圍一條平凡無奇的泥巴路上；幾分鐘之後就會回到車上，開車離開。然而，我似乎迷失了方向，心裡只想著：上帝啊，你到底在哪裡？

我的腦海裡閃過一個又一個的故事，許多原住民的老師利用許多時間跟我分享澳洲野犬美好的故事。耆老提姆．以寧加雅瑞（Tim Yilngayarri）說過：「狗才是老大，別招惹牠們，也別再濫殺了。」他此處所指的是澳洲野犬常遭被毒死或射殺的事件，而且我們兩人也都心知肚明，澳洲野犬的未來橫亙著一道沉重的死亡陰影——牠們既非第一群瀕臨絕種的動物，也不會是最後一群，但卻是少數幾種動物，有部分的人類積極地促進牠們的滅絕。雖然新南威爾斯國會的規範評審委員會說：「新南威爾斯主要的澳洲野犬族群保育計畫，竟然是將之列為必須剷除的全國性有害動物，這點確實有點反常。」他們的回應雖然簡短，卻又官腔官調。[1]

我們可以用「人禍」這個更大的脈絡來解釋這個反常之處。發明「人類世」一詞的諾貝爾獎得主克魯琛（Paul Crutzen）認為，人類對於地球造成非常嚴重的影響，甚至足以形成新的地質年代。全球氣候變遷正在改變我們對於地球環境系統的認識，使我們處於地球上第六次大滅絕的危機之中，同時也是唯一一次由單一物種，即我們人類，所造成的大滅絕。保育生物學所稱的「人為滅絕」，指的是迅速攀升的死亡趨勢，我們已一腳踏進生命大舉消失的時代，這是前所未有的現象。確實如愛德華．威爾森（E. O. Wilson）所言，我們正逐漸陷入所謂的「空虛寂寞期」。[2]

當然重點在於：若問題出在我們人類身上，我們是否能夠藉由改變自己來改變一手造成的影響？人類學家米爾頓（Kay Milton）透過活潑的方式，使問題獲得大眾的關注。米爾頓指出緊急行動的重要性，也認為這些呼籲往往都是在恐懼的驅使之下所產生。她透過研究清楚指出，恐懼雖然能激發行動，但也會引發人極力否認的反應，因此往往是最差勁的動機。[3] 因此我在本書嘗試提出另一種情感動機，偉大的生物保育學家梭爾（Michael Soulé）說：「人只救自己所愛。」他對於目前生物多樣性消失的危機憂心不已，並提出這時代一個非常重要的問題：對於逐一走向滅絕的動植物，我們人類是否有珍愛牠們，進而關懷牠們的能力呢？愛過的人都知道愛的偉大，但愛同樣錯綜複雜，因為愛雖然問題重重，卻也有無限的可能。威廉·史坦格納（William Stegner）以地方的例子來表示最為貼切，並且也適用於生命裡其他所有生態面向：「我真正想說的是，我們對某個地方的愛，可能會摧毀那個地方。」[4]

因此，「愛」在這個生物滅絕的時代，喚起的又是一連串的問題。我們是什麼樣的物種？我們如何融入地球系統，成為其中的一分子？我們受到什麼道德倫理的召喚？如何在這瞬息萬變的時代裡認識另一個新的故事，使之成為我們的方向？如何激勵人展現慷慨、有素養又尊重生命的愛與行動？

我延伸「生態存在主義」的概念，來探討人在自然中的身分與角色問題。確定性的終結與原子論的終結是兩大改變世界觀的理論，生態存在論集二者大成：從確定性到不確定性，從原子論到連結性。西方世界透過其思想與社會的變遷，完成兩大思想的變革。我們已能基於目前的立場，與其他歷史背景迥異、但擁抱不確定性與連結性的人們展開交流，此時需要的就是新的交流與新的合作機制。

我們企圖透過對話，以不同以往的方式尋求理解與行動。故事因交會而彼此牽連，這些故事在意想不到之處扎根，啟發新的思維。在我回憶裡的許多故事，都來自於過去在澳洲北部的原住民朋友的分享經驗。我在廿五年前就已離開自己的國家，從美國來到澳洲，與雅拉林（Yarralin）和林加拉（Lingara）的部落原住民一起生活數年之久，認真學習他們的生態哲學。[5] 只要他們願意教導或我有能力吸收的，都不會輕易放過。澳洲是偉大的熱帶草原國家，她的殖民歷史可說是血淚斑斑。大約一百二十年前來到這裡墾殖的白人，在各地草原圈起廣大的牧場，並以殘暴的手段迫使剩下的原住民成為牧場工人，讓他們在既無薪水又遭剝奪自由的困苦環境中生活長達數十年。雖然自一九七〇年代以來，解殖已經過立法，殖民最殘酷的情況已經不復存在，但殖民的權力關係至今仍在，安然無恙。[6]

與族人同住期間，我融入他們的生活作息，參加他們的活動、一起聊天、打獵、煮食、吃飯、旅行，乃至婚喪喜慶，也幫忙照顧小孩。我和教導我的族人會透過各種方式認識彼此，並相互提問，研究對方的價值觀與世界觀，共同努力爭取土地權。我們一起釣魚、打獵、採集食物、吃飯、交換食物，一起埋葬死者、迎接新生兒來到人間。我漸漸明白，教導我的那些老師與動植物之間有一種緊密的親緣關係。他們的關係是有形的，並且根植於天地萬物、倫理與責任義務之中。此刻面臨巨大危機的，乃是存在於跨物種親緣系統的那種生命；那些瀕臨滅絕的動植物並不是脆弱、瀕危或滅絕的物種，重要的是脆弱、垂死的家人。在這裡，人所經歷的滅絕，是非常近距離又私密的一種經驗。

教導我的老師本身也曾有過滅絕的經驗，他們不僅經歷大屠殺、幾乎成為奴隸，也曾受到各種虐待，但即使如此，他們卻未停止述說他們的故事，也不吝於教導他人。他們勇於大力分享故事的背後，有一種深層的意義，是大家都應該仔細聆聽的。如同我的老師達利．普卡拉（Daly Pulkara）所說：「以前是我們聽你們的故事，現在該你們白人來聽聽我們的故事了。」當然，他這裡指的是他自己的故事，並有他的道理：「我跟你說，萬物脫離不了法則。」他之所以希望人能聽聽他的故事，是因為他知道自己所描述的是真實的世界。原住民口中的世界和他們述說人類如何融入世界的故事，都觸及到當地和普世的層面。他們的故事大多與某個地方或某種動物有關。同時，我的老師與世界上其他原住民一樣，都確信他們所述說的，也是世界上每一個人的真實生活。跨物種的親屬關係就是一例，我的每一位老師天生與各種動植物和各個族鄉之間，都具有血緣關係。這種血緣關係明確具體，卻也有其限制：若與某物種比較親近，就代表與另一個物種較為疏遠。他們與我接下來要問的問題就是：這種親緣關係是否是人類生活根本的寫照？現代科學的回答是肯定的。許多原住民也承認人的普世性。原住民畫家、演員、哲學家大衛．高皮利（David Gulpilil）透過詩歌來宣揚他的主張：「我們在這世界同為手足，無論你是鳥、蛇、魚或袋鼠，我們都流著紅色的血。」[7]

將生與死、愛與滅絕的大哉問融入原住民極有影響力的故事中的同時，我也加入一些自己西方傳統的偉大故事。史蒂芬．凱普寧思（Stephen Kepnes）的「敘事聖經神學」的定義引導了故事之間交會的過程。他寫道：「敘事聖經神學的重點，在於透過重述聖經故事，來表達並處理當代的議題。」[8] 我將敘事聖經神學的方法加以延伸，另外，有些故事我並未聽完全貌，因為我的目的僅在於延伸某些問題。同樣地，雖然老提姆．以寧加雅瑞澳洲野犬與死亡的故事不必然適用敘事神學的方法，但背後的精神卻與敘事神學相同。「敘事交會意在尋找真理，而真理也在我的文章中，成為闡明他者的「他者的倫理臨近性」的重要線索，所謂的「他者」意指其他所有存在、一切萬物或一切存在，套用哲學家普蘭伍德（Val Plumwood）提出的重要名詞來說，就是「與我們同在地球上的他者」。

我茫然地站在澳洲野犬的屍體前，直接面對的是隱含了人性以及人與大地上生命之間倫理關係的重要問題。本書希望從各個不同的面向，來探討這些問題。本書借重幾位智者的教導，但目前仍在世的只有其中幾位，其他大多已經離世，也借助少數古代和許多當代故事，以及一些人生歷練與文化差異懸殊的老師所提供的素材，得以完成。書中的談話都是公開進行，並希望透過文字吸引讀者，提升他們的意識，使他們進而探討倫理並付諸行動。而我也在哲學家法肯海穆（Emil Fackenheim）[9] 的影響下亦步亦趨。即使在納粹大屠殺後，法肯海穆仍投入寫作，尋找各種方法「矯正這個世界」，但也不因而認為這些傷天害理的事件可以逆轉或抑止。在我看來，現今的滅絕危機會摧毀地球，既不可逆轉，某種程度上而言，也無法修補，我們必須透過轉向他者，以道德來回應，以期修復傷害。法肯海穆哲學裡的「轉向」*指的是轉向與問題交會的倫理，是願意建立自我對話的心；是願意承擔責任的心；是選擇接觸與回應的心；也是不轉身逃跑，選擇正面迎戰的決定。

野性的智慧

列夫·舍斯托夫（Lev Shestov）與澳洲「絕頂聰明」的原住民老提姆·以寧加雅瑞，都是我人生中非常重要的老師。他們兩人都欣然體悟到，生命的世界的錯綜複雜、變化莫測、充滿了不確定性和生命奧秘突然的大發生，是超乎常人所能理解的。他們殊途同歸，大智若愚，孕育出野性的智慧。

我讀到舍斯托夫的文章時，驚為天人，就忍不住愛上了他，他在文章中反對理性至上的

* 譯註：Tikkun，希伯來語，「修補」意。

現代主義，並提出生命勝過知識，在他「瘋狂」世界觀裡，變異性與不確定性都是生命的泉源。他反對世俗主流的現代主義，以熱情與哲思充沛的文字，歌頌大地上令人喜悅的奧秘與不可預測。

舍斯托夫懇求西方國家，希望我們都能重新找回承認大地美善的能力，他在一段有力文字裡問道：「為什麼創造不應該是完美的？……無論是這時代或中古世紀，都沒有人敢承認聖經中的『甚好』（good）與現實相符，沒有人敢承認上帝所造的世界真是好的。」[10] 根據我的理解，舍斯托夫一切的努力，都是為了復興歐洲的人道思想，重拾看待這世界為善美的能力，尋求當代的途徑，恢復「上帝看為好」的精神。[11]

老提姆對我傾囊相授。一九〇五年左右，他在他母親的族鄉，即家族領地雷伊特（Layit）出生。維多利亞河是澳洲北部大季風型河流，其中一條支流為維克罕河，這個族鄉就是以這條支流為界。提姆出生時，這個區域才剛被移民的白人占領，在邊疆從事畜牧的白人仍須耗費極大的力氣保護牛群，不受嚴峻的氣候和地形影響，遠離偷牛賊、原住民和鱷魚等掠食動物的威脅。有十年左右的時間，原住民竭力保護家園導致衝突白熱化，騎警的協助對於牧場更是如虎添翼，根據文獻記載，該名騎警曾多次進入雷伊特巡邏，找尋「牛群殺手」（原住民）的蹤跡。[12]

等到提姆出世時，最慘烈的衝突已經停歇，他的父母在白人的維多利亞河草原牧場底下工作，他長大後在白人稱霸、原住民做工的內陸畜牧社會度過大半輩子。他說著一口流利原住民牧人式英語，當了許多年的牛仔，並精通其原住民族群的語言。他受各種男子成年禮，後來也成為執法者以及禮儀專家與領袖。此外，他也非常聰明，擁有過人的才能。事實上，他是我認識的人當中，唯一能夠描述被帶到天空之國，並被授與神力的人。我認識老提姆時，他已經喪失了大部分的神力，而當時那個地區也沒有人能展示類似的天賦。有人認為這些能力在今天的澳洲早已失傳，但或許也不盡然，因為生命處處有驚奇。

我在一九八〇年認識老提姆時，他已經垂垂老矣，白髮蒼蒼，留著白色的美髯。他不失幽默感，對狗是出了名的執著。老提姆還有另一個名字叫老波加加，波加加是他父親的族鄉，地處我們遙遠的西南方，那裡有許多澳洲野犬聚集地，流傳相關的歌曲。這名老人與澳洲野犬之間有種特殊的關係，也述說許多人與澳洲野犬都是一家人的故事，透露出澳洲野犬與人類有共同的起源與命運。許多原住民的創造故事都與某個地方或族群有關，但老提姆述說的澳洲野犬卻是關乎全人類的故事。裡面提到死亡和死後的遭遇、主宰的欲望、無以回報的恩德、人與其他生物之間深遠的連結，都是親緣關係最有力的表現。提姆的故事告訴我們，澳洲野犬是全人類的祖先，我們的長相和站姿，我們的死亡以及在其他生物的身體之間周而復始的輪轉，都承襲自澳洲野犬。起初存在的只有半人半狗的生物，之後才開始演變出兩種生物，有的變成狗，有的變成人。狗／澳洲野犬和人類有共同的祖先，所以仍舊是近親。老提姆強調這故事是普世的，要我們明白這是一個跟所有人有關的故事：「傳命（Dreaming）*〔創造者〕創造了每一個人，白人女性或原住民男人都一樣，他們先是站著、行走，最後不再是狗，變成真正的人類，有男有女。澳洲野犬的父母變成原住民，白狗變成白人的小孩。」讓我們試著想一下：看到狗的臉，就等於看到自己過去的祖先和現在的親人，又猶如看到自己的父母和兄弟姊妹一般。牠們仍與我們同行，用牠們長長吻部的臉磨蹭我們。有牠們的存在，才有現在的我們，牠們將臉轉向我們，深知我們是命運共同體。

雨狗

湯姆．威茲（Tom Waits）有張專輯叫做〈雨狗〉，唱出了邊緣人、無家可歸者，那些迷惘的人們生活的心聲。狗主要是靠著嗅覺找到方向，「雨狗」指的是那些因為雨水將熟悉的

* 譯註：Tikkun，希伯來語，「修補」意。

氣味都沖刷殆盡而迷失的人，他們再也找不到回家的方向，只能徒然地四處遊走，這裡跑跑、那裡嗅嗅，希望找到回家的路。狗有同伴的概念，他們是社會性動物，與人類共同演化，因此嗅不到氣味使他們感受到兩種哀傷。他們不僅找不到回家的路，也失去了同伴。當然，威茲的歌詞指的是人，他也將自己融入在故事中唱道：「因為我也是一隻雨狗。」[13]

人在西方歷史上，發生了兩次迷失方向，覺得自己無家可歸的情形。第一次大約發生於二千年前，第二次則始於現代化，並於廿世紀達到高峰。社會學家漢斯．約納斯（Hans Jonas）主張，人對自然的想像（或稱「宇宙背景」）都曾在這兩個時期發生變化，引發古代諾斯底思想和現代虛無主義的出現。[14]根據約納斯的理論，當人與自然之間關係的認識發生變化，生態哲學也會隨之改變。在他的眼中，我們自認是這世界上某種具有特殊意義與目的的存在，這種觀念包含於我們對人性和自然的想像當中。

約納斯指出，西元前一百年到西元四百年間是「西方的靈性宿命成形」[15]的重要時期。進入現代之後，人們對於自然或所謂生物世界的理解發生轉變。這種改變與連結性的消失有關，使人感受不到大地的歸屬感，反而有可怕的孤獨感，導致更絕望與恐懼的心理。[16]在耶穌誕生前後那重要的數百年內，古典的政治與道德世界逐漸崩毀，過去主流的世界觀似乎也不再適用。對許多人而言，上帝似乎早已遠去，世界變得邪惡，人開始抒發一種漂泊異鄉的感慨。[17]

心物二元論將人類與自然分開看待。哲學家為了分析現代，於是檢視笛卡爾如何極端地詮釋心物二元論。笛卡爾認為自然單由物質組成，只有人類會思考，且只有人的思想不屬於自然，因此思考使人與自然有別。在此，人與自然徹底分離；只有人類會思考，這世界則是由無思考能力的物質所組成。所以，人類比自然高一等，是大地上的異鄉人。這種想法的危險，潛藏於「上帝將這世界創造成一部機器」的說法，認為上帝創造世界之後就退居幕後，讓世界按照永久不變的規律運行，讓人在上帝毫不在乎的世界裡自生自滅。西方的哲學思潮雖然透露出一股寂寞，卻仍進一步認為上帝不存在或上帝已死。只要對於上帝的想像消失，或上帝已死，自然實際上也會死去，因為賦予這世界生命的就是上帝。[18]

海德格有個著名的例子，他在探討存有的本質時將人與自然的分隔推到極限。海德格認為人類是獨特的生命，也只有人類能意識到自己的存有（being），因此在宇宙中是獨特的。他寫道：「人類是唯一存在的存有，人類獨然存在（exist）；石頭雖然在，卻不存在；樹木雖然在，卻不存在；天使雖然在，卻不存在；上帝雖然在，卻不存在。」海德格並非主張只有人類是唯一真實存有，然而人類卻是檢視了自己的存在，並提出疑問的人。[19]

馬丁·布伯（Martin Buber）透過流暢的文筆，描述人類越覺孤獨的過程：「人類在人文精神演變的歷史當中，變得愈來愈加孤獨；換言之，人發現自己身處於一個陌生又危險的宇宙環境中……而且孤獨的境界層層向下堆疊，意即孤獨冷漠只會越加嚴重，人也將離拯救越來越遠。」他進而提到，屆時人再也無法碰觸到上帝，也就是尼采稱之為「上帝已死」的命運，這種哲學思維狀態預示並揭開了歐洲當代的「虛無主義」的序幕。[20]

今日的我們已進入「人類世」，在這孤獨的世紀中所發生的，是在真實世界裡共同演化的生命逐漸消失，而不是願景的破滅。當大地上的他者一去不復返時，我們眼前的世界也正逐漸變得萎縮與貧乏，同時面臨以前從未有過的痛苦寂寞，並質疑存在的意義。

現代化導致的分離與寂寞，與這時代亮眼的科技表現並存，享受了廿世紀的抗生素、電腦、出國旅遊等科技奇蹟的我們，應該都會為自己能生在這個年代感到開心。但我們同時也漸漸瞭解，約納斯簡單提醒我們的「災難的危險是伴隨著……人藉科學技術掌控自然的理想而來，但災難並非肇因於科技的不足，而是來自於科技的成功。」[21]崇拜進步之神的同時，也釋放了好戰的鬥犬，而那好戰的鬥犬似乎就是我們自己。

我們生活在這新的雨狗年代，找尋回家的氣味和指引是我們面臨的挑戰。我們必須將自己融入這複雜世界的生命當中，藉此恢復或找到重要的連結性和歸屬感。世界正在受苦，生命正在死去，融入這個世界也表示我們有意識地暴露於危險之中，若能瞭解這點，就能完全意識到自己的脆弱。同時，我們必須記得，無論勇猛或脆弱，雨狗都展現了一種美。唯有勇敢並且重視關懷的認知，才能引發我們與萬物之間的連結感。

哲學家艾拉思米·柯克（Erazim Kohak）告訴我們：「也許在大自然裡最初所體驗到的，就是博施濟眾，愛所有受苦受難的宇宙萬物。」[22]因此本書中收錄的故事即以柯克為榜樣，按著「在我們有生命的世界中，……存在一種真理、一種與生命的善、否定之惡和否定意志之罪惡」的主張而逐一開展。[23]在這滅絕的世代裡，從人與動物之間親緣關係的角度思考，就是坦然面對極具挑戰性的問題，包括：我們在這世界上扮演何種角色？若他者真如表面所見那麼重要，那我們呢？我們是否重要？又為什麼重要？我們此刻應該做些什麼？這些問題都與道德倫理有關。本書所探討的是紐頓（Adam Zachery Newton）優美又具啟發的定義，他認為倫理是「與彼此交會和承認有關，是一種無限循環、隨機發生並交互影響的戲碼」。[24]

基於後續幾章將會運用倫理等領域的專有名詞，所以在此事先提供相關定義。以下並非字典詞法定義，而是能在討論困難又有挑戰性的問題時，幫助我表達想法的操作型定義。

傳命（Dreaming）：指澳洲原住民描述造物主、起源、創造的過程、誕生和成形，翻成英文即「傳命」。（見第二章）

生成（Becoming）：生命的創造並非一蹴可幾，生物和無生物都是未成品。

共同生成（Becoming with）：生物和無生物相互依存，我們的生活彼此相關，每個變化的過程都取決於我們與其他生物和無生物的關係。

生成人類（Becoming human）：變成人類是跨物種合作的課題，在其他物種相伴之下變成人類的我們並不孤單（援引自安清〔Anna Tsing〕）、保羅·雪帕德〔Paul Shepard〕及原住民哲學家瑪麗·葛蘩〔Mary Graham〕）。[25]

連結性（Connectivity）：（一）生態科學的連結性意指（能量、資訊、生物）交換的途徑，路徑的數目與複雜性越高，生物多樣性越高；（二）廣義來說，交換的途徑可包含故事、歌曲和任何發表形式；（三）基本上指的是維持大地上生命系統的緊密連結。

命運共同體（Community of fate）：生物既然合力誕生於世，命運也必然相互交織。我們同生共死，大禍臨頭時，無一能倖免於難。（援引自羅賓·埃克斯利〔Robyn Eckersley〕及竇林〔Thom van Dooren〕）[26]

世界的塑造（World making）：（一）我們與他者一起生成的過程中，也創造出行動與意義的大千世界，充滿了生與死的各種可能；（二）生物與無生物是未成品，都在生成（或毀滅）的過程中，意謂著大地本身也是未成品。所有的生物都參與了世界的塑造（和毀壞）過程。我們在思考世界的塑造時應該考慮到的問題是：相互關係是否成立？自我與他者是否蓬勃發展？生命未來是否獲得更多的可能？（援引自漢娜·鄂蘭〔Hannah Arendt〕及唐娜·

哈洛威〔Donna Haraway〕）[27]

倫理（Ethics）：意指與彼此交會和承認有關，一種交互影響的戲碼，包括與他者面對面的交會、承認並回應他者的呼喚，並理解何為彼此共同生成的事實（援引自列維納斯〔Levinas〕及紐頓）。[28]

開啟（Opening）／開創（Opening up）：意指在交會與承認的戲碼中發生的變化、世界塑造之處、改變的過程及倫理發生的過程——被碰觸與回應的經驗（改寫自海德格、哈洛威等作者）。

上帝（God）：意指討論力量的存在與消失的其中一種方式。

死亡世界（Death world）／死亡空間（Death space）：意指世界和生命毀壞之處。若談及大屠殺，指的是時間與生成都不復存在的種族滅絕（援引自哈特利〔Hatley〕）[29]，若談及滅絕，指的是地球四十億年生命歷史的終結。

二元論（Dualism）與超分離（Hyperseparation）：二元論是一種非此即彼、製造對立、定義優劣的思考模式；超分離是二元論的延伸，將兩端的差異推到極致。本書主要探討的超分離，則是落在精神／物質或文化／自然的二元對立（援引自普蘭伍德）。

野性（Wild）：本書特別指西方思維底下，代表拒絕臣服於確定性、二元對立與人類中心主義等西方主義各種傳統限制的野性（援引並改寫自大衛．亞伯蘭〔David Abram〕）。[30]

轉向（Turning toward）：意指承認遠方與災難歷史的存在，卻仍努力回應他者的苦難和喜樂、生與死的倫理實踐。我們轉向總是需要先立足於歷史和關係的某個位置，尋求修復關係，使這世界對生命更加友善（援引自法肯海穆）。[31]

面對面（Face-to-face）：面對面靈感來自於哲學家伊曼紐爾．列維納斯（Emmanuel Levinas）的著作，意指倫理交會（ethical encounter）。列維納斯在書中主張，人必須永遠對他者負責。所謂與什麼人或物面對面，即對什麼人或物負責，是我們這時代必須面對的問題。

事實（Reality），真實（The real）：薇琪．赫恩（Vicki Hearne）對於連結性的慷慨陳述，彷彿捍衛真實的宣言：「真正的人類會認知到，宇宙中每一個人與物都是被愛的他者，而那……需要我們承認，這世界是真實又有意義，是不證自明的事實。」[32]

火柴的智慧

我有幸能從中部的沙漠、季風草原，到海岸的洪水氾濫平原、多沙的半島和外海島嶼，在北領地的許多地方為原住民爭取土地權。我在澳洲中部的辛普森沙漠待過一段愉快的時間。辛普森沙漠是世界上最大的沙脊沙漠之一，夏季溫度可逾華氏一百二十度（攝氏五十度），大部分的區域「平均」每年的年雨量低於五英吋（一百三十公釐），雖然在這樣的環境下討論平均值，意義不大。

我們在原住民傳統地主、土地委員會職員、原住民土地專員等人護送下移動，當然我也是土地委員會成員之一。一行人擠在四輪驅動的車子裡，沿著穿過或切入沙丘的崎嶇小路前行，我們這群外來者在走遍整個沙漠拜訪聖址的過程中，逐漸瞭解到，這看似生命難以存活的沙漠，確確實實是屬於原住民的族鄉，是所有生物的家園，他們在沙漠中或隨雨水四散，或因偶陣雨形成的水窪而聚集。我們認識到沙漠與「傳命之路」（Dreaming tracks）交錯，人的生命也交織其中，因為人是在傳命之境和「歌之徑」（songlines）中誕生。

愛德華·強森（Edward Johnson）是爭取土地權的靈魂人物之一，他的見識非凡，並具有驚人的敏銳度。他說得一口怪英語，但眉飛色舞的，為人風趣，雖然身材矮小，卻比高他兩倍的人更加亮眼。他的高齡、能言善道、幽默風趣、個性直率，再加上他的威儀，都是使他成為傑出的見證人的原因。他站在聖址，述說著故事、歌謠、儀式，以及傳命之路之間的連結性，也提到人、動物、植物、水，使我們聽得如癡如醉。

強森先生告訴我們，每一個族群都有義務認識族鄉和地方的「傳命之律」（Dreaming Law），以及族鄉和族群如何因「歌之徑」相互連結，也帶我們到某一群人將歌曲傳遞給另一群人的「交接」之處。我們曾在某個場合請他詳細解釋何為責任，但他卻開始談起在沙漠地方成為好鄰舍的條件，那段話至今言猶在耳：「好的鄰舍就是應該要滔滔不絕地將故事說下去，並持之以恆。」[33]我可以感覺到故事不斷在沙漠中如滾滾黃沙，將當地的特色納入連結性，並融入更大的背景脈絡中。我似乎仍聽見強森先生清清楚楚說出了故事的倫理，就是那直接與鄰舍和他們的故事面對面，並將故事傳講下去的倫理。因此，我也秉持著好鄰舍的精神，努力地「滔滔不絕」，順著現實生活世界的背景脈絡，不斷傳誦著故事與故事的精神。

但滔滔不絕地傳講故事，也構成另一個有趣的問題。老提姆使我獲益良多，我們在這些年來曾多次進行討論，他不時會在澳洲野犬全套故事中，加入新的面向，使關於生命生成與變身人類的那些故事，變得相當鬆散。他以自己的（原住民）方式展現出智慧，透過表演以及一點一滴的對話來挑戰對方，試圖與聽眾產生連結。這不該是個封閉的系統，老提姆為避免智慧的僵化，選擇向全世界敞開自己。我對於他的方式表達尊敬與尊重，深怕自己會不自覺將他的智慧扭曲成其他東西。同時，也在著書過程中，抱著傳頌智慧、累積智慧、避免妄下定論的心情，多次回去找他，聽著他述說一個又一個的故事。

讓我們把列夫．舍斯托夫狂野的豐富、老提姆與動物的情感羈絆，以及梭爾關於愛的複雜問題等各種故事湊在一起，並想像前面燃燒著熊熊的營火，煤炭燒得通紅，還有一群人在周圍嗑牙聊天說故事，讓想法的流動帶著他們探索新的地方。這種開放、有趣、內容豐富的談話，常能能夠激發不同的想法與見解。營火旁坐著老提姆和其他原住民耆老，他們述說的故事當中，有些並不容易理解。他們口中所謂生命的美好，有些並非唾手可得。這裡也有一些哲學家，像是列夫．舍斯托夫、艾拉思米．柯克，以及偉大的女性主義學者唐娜．哈洛威、馬秀絲（Freya Mathews）與普蘭伍德。另有幾位神學家、生物學家和生態學家加入，存在主義神學家馬丁．布伯全程在場，一些詩人、作曲家、散文家與說書人也在，偶爾還有一群澳洲野犬加入。

營火晚會的特別來賓是伊曼紐爾．列維納斯，他顯然是廿世紀最偉大的倫理哲學家。按麥可．歐本海默（Michael Oppenheim）的話來說，他不僅僅是哲學家，而是希望「藉由激烈的倫理抗爭」[34]來恢復西方哲學的思想家。列維納斯的論述相當有說服力，他主張人因關係而存在，因此我們需要對先人負責；換言之，人在倫理關係中必須隨時做出回應。他將臉孔與呼喚結合，透過許多美麗的圖像，闡明這兩者即為道德回應的基礎，例如：他者的呼喚、他者的臉孔以及對他者的責任與義務，都是美好關係的哲學基礎。然而，列維納斯倫理侷限於人類的範疇，這是他的限制。但儘管如此，因為我們想知道當他者的呼喚變成嗥叫，或當他者的臉變成動物的臉時，可以如何挑戰列維納斯的哲學，以及他的哲學是否經的起考驗，所以仍然邀請他前來擔任營火脫口秀的特別嘉賓。

但我的立場又是如何呢？原本就愛這生命的世界「到底」的我，與澳洲原住民一起生活之後，不僅更加喜愛這個世界，也深化了我對於這世界的認識。宗教思想貫穿全書這點，透露出我從小在宗教家庭中長大的事實。小時候我覺得制度性宗教既迷人又可怕，長大之後也未曾對此有絲毫懷疑。同時，我經驗到的愛也帶領我（如同帶領別人一樣）進入這些有深度的故事中。我希望永遠跟隨著詩詞的韻律，也慶幸自己仍舊遵從宗教某些主要的價值觀，一生從未停止關心公義並尊重別人的完整性。在試圖尋求宗教與這世界價值觀交匯的同時，我不斷想到一個流傳已久的笑話：你怎麼稱呼一個失眠的閱讀障礙不可知論者？雖然並非自願，但我猜我就是那個半夜睡不著覺，想知道這世界上到底有沒有狗的存在的那個人。

第二章 深究滅絕

泰瑞莎的家人都圍繞在她母親身旁，因為她已病危。我們為她哀哭，唱歌給她聽，幫她的手腳按摩，促進血液循環。當她母親的靈魂要離開身體時，聰明的老提姆也隨著她的靈魂旅行，他雖然嘗試喚回靈魂，但後來明白這女人的靈魂再也回不來了，因為她已一腳踏入死地，此時她的家人應該要選擇放手，並幫助她走過。泰瑞莎的母親在數小時後過世。

當時我們因為雨季的關係遇到洪水，既收不到廣播，也無法聯絡外界，所以能在免受世俗或宗教權威干擾下迅速將她安葬。她的家人一手包辦所有工作，他們吟唱哀歌，以綠葉抹除她生前所有的足跡，將她亡故的房子和同住的先人以煙燻過一次。她因死亡離世之後，反而變成活生生的回憶，因此名字從此成為禁忌。喪禮將這女人送回自己的族鄉，藉由她的死延續在世的生命。

原住民裡的「族鄉」（country）是幫助人瞭解「死」如何扭轉成「生」的重要概念，族鄉是一種空間單位，意指大到足以養活一大群人，小到可以如數家珍的地方，也是當地萬物生命川流不息的家園。族鄉因創造而誕生。澳洲大陸上交錯著創造者走過的路徑，原住民英語稱之為「傳命」。傳命有的步行、有的滑行、飛行、游水、或追趕、追捕、或哀哭、死亡、分娩，他們舉行儀式、散播植物、定出動植物分佈的界線，塑造各種地形和水域，並建立這地與那地以及這物種和那物種的關係。他們在創造時留下自己的某些部分和本質，不時哀傷回頭望，再改變語言、歌曲和身分繼續前行。他們時而變成動物的形體，時而變成人類，最後又變回動物，他們因創造而成為大地上生命的始祖。許許多多的物種因創造而誕生，每一個族群的始祖都可稱做「傳命者」。

舉例來說，袋鼠族的人和袋鼠是一家人（同一家族），澳洲野犬族的人和澳洲野犬是一家人，其他族的人及其動物也不例外。家人之間互相照顧，為彼此維護權益，共同抵禦外侮，一般來說會努力尋求自家人的內部和諧，並與其他家族維持關係。同國的多元種族家族當中存在一個道德命題，即每個族鄉及其一切生靈都必須為自己著想，與其說這命題是生命運作的規則，倒不如說是生命運作的表現。為自己的族鄉著想，就是為自己和他者的利益著想。瞭解什麼是連結性，有助於提升生命中的永久意義，並永遠對國內生死多樣性中的各種生命效忠。

無論是傳命或圖騰那種象徵意義的存在，屬於萬有在神論（Panentheism），誠如葛藍·哈維（Graham Harvey）在一份新的傑出研究中所言，[1]我們應該承認「這世上存在著各種人，有些是人類，以及活著就是與他者建立關係」這兩個事實。在這脈絡底下，愛與關懷的倫理

老提姆和他的狗在雅拉林養牛的牧場，攝於 1981 年。（照片提供：Darrell Lewis）

並未將動物與死亡排除在外。在打獵與採集的世界裡，死亡和延續是完整生命的核心面向，也必然存在於人的一生當中，同時也存在人的心裡。以道德回應他者的召喚的意義，在於為自己的行為負責，而非殺與不殺的抉擇。責任的時空向度複雜，最重要的是，無論是生是死，我們都必須如此近距離地與責任面對面。

當全家人在吟唱中送泰瑞莎的母親回國時，就是護送她回到一開始來的地方。他們希望她能繼續留在家裡保佑族鄉，使族鄉安康昌盛。我們清楚看到她母親個人與族鄉和傳命者之間的關係，這位老婦人的傳命就是閃電，她過世之後連續那幾晚，南方的天空（即她族鄉的所在地）都好不熱鬧。有的閃電是叉子形狀，有的是螺旋形狀，有時大肆爆發，有時餘波未平。整片南方天空都有閃電不斷跳躍、滾動、相互追逐，宛如一場華麗的秀。

確實，既然人皆有一死，那麼死也沒什麼大不了的。然而，還有比死亡更可怕的東西，在這數十年來以殖民之名糾纏著原住民，使他們歷經大屠殺、飢餓、流感、梅毒、痲瘋病和其他更多的厄運。[2] 老提姆及其族人本身也都面臨了可能滅絕的命運。他們眼見家族一個個消失，只好將各國集合起來，以便處理家族中最後一位親人離世的事宜，而老提姆就是這樣一位倖存者。當時他與其他有能力和聰明智慧的人，一起盡最大的努力學習、維持原狀，並教導族人，使直系和旁系祖先的生命得以延續，不會從此消失無蹤。

與原住民一起生活，使我對於死亡的認識更加成熟，使我明白死亡會對我們每一個人提出索求，它喚起我們的道德感，使我們有愛、有憐憫、有哀傷，也有未來。每個人的死都是複雜的事件，但活下來的人卻能有機會深入瞭解死亡，目睹什麼是愛與失去，什麼是斷裂與連結。死亡要我們直視臨終者的眼底，不但不能迴避，反而要伸手扶持、幫助他們，甚至要肯定生命能夠一代代延續，以這樣的眼光回應死亡，最後更要肯定並維持各物種間的連結。

生命與死亡在這四十多億年來合作無間，找到彼此之間的相對地位，一起維繫地球上這群生命，因為這些生命變化多端、不斷尋找連結、創造彼此的相容，並企圖在本身從未達到動態平衡的地球系統中尋求多變的靜態平衡。[3] 琳·馬古利斯（Lynn Margulis）與多雷昂·薩根（Dorion Sagan）在合著的精彩著作《生命是什麼?》（*What Is Life?*）中，主張生命是「發狂的物質，能夠選擇自己的方向，以便無限期阻止熱力學平衡那不可避免的一刻，即死亡那一刻的到來。」[4] 我們人類與動植物之間存在一種動態的關係，都仰賴空氣與水的供給，也擁有相同的基礎能量與基本物質：尤其我們和動物一樣都有血液，植物則有與血液類似的葉綠素。因此我們必須好好瞭解如何適應生與死的共同體，如竇林所言：我們「與他者生死與共、互為生死，共同交織於同一個體系之中。」[5]

美國學者哈特利針對努力維持跨越死亡的連結，提出令人讚嘆的分析，在關於受苦和種族滅絕的研究中運用「死亡敘事」概念。[6]人類所謂的死亡敘事，意指將死亡與死去的人置於歷史共同體的脈絡中。哈特利寫道：「人過世就像是留給後人一份禮物或一個地址，這就是死亡敘事的意義。死亡敘事帶有召喚的意味，希望後繼者能做出某種模式的回應。」[7]死亡敘事「是橫跨兩個世界的過渡階段，在那之後將出現新的存在，並肩負起新的責任。」[8]

我因為遇見原住民並認識他們對於死亡的瞭解，而開始在生態領域中運用死亡敘事的概念。[9]族鄉本身就是一切生靈、所有人類和他者的敘事，因為他們的生命，構成了在族鄉裡的生活。從族鄉的觀點來看，死亡敘事涉及多物種雜交及世代交替，將生與死結合，構成一個生態共同體（而非只是歷史共同體）。當多物種的親緣關係中包含了死亡時，死去的動物就是家族的一員，同時也是人類和本身物種的近親。原住民的家族中經常發生死亡事件，不僅由於這是生命必然的結局，也是因為他們會打獵。他們仰賴其他動物的肉體維生，而每個獵物都算是某人的家人。死亡對他們而言是如此的熟悉，每一次的死亡亦都意義重大。

反之，我們西方的傳統長久以來卻不斷利用各種方法，來掩蓋動物死亡的事實；事實上，有些哲學家甚至主張，視而不見在我們認識自己的過程中，絕對是非常重要的手段。[10]主要的方法是想像人類與動物之間彼此存在著超分離的二元對立，或無法比較和對立衝突的差異。人類是有心智或文化的動物，但動物卻「只是」一種自然的存在。[11]法國哲學家德希達幾乎走到人生盡頭時，才開始探討人與動物，並質疑人與動物之間的界線在哲學上的本質。他認為人與動物之間沒有絕對的界線，而是多重與異質的邊界，[12]同時將深入探討生態的普蘭伍蘭、馬秀絲及唐娜·哈洛威並列討論。即使人與動物之間的界線並非無法穿透的實線，我仍順著這些哲學家的脈絡，對於界線的概念提出質疑，並將重心擺在區別與連結的區域或模式。打獵、吃、瀕死與被吃等各種連結與區分的模式中，處處可見同情、控制、互信及其他種關係的表現。

德希達的論述連結了動物的死亡與種族滅絕，也連結工廠式農場與滅絕，這部分有助於闡述本書的脈絡。他並未強化連結，而是透過並列來指出重要議題之間的共同點。[13]德希達談到人與動物關係的目前狀態時，指的其實是某種後現代的人際關係。這不只是普世的命題，而是極端重要的命題：「人為了阻止全世界的人想起或認識真正的暴力，並將之與種族滅絕（以及動物的數量因人殺害的緣故而遭受威脅所造成的種族滅絕）並列比較，會盡一切所能來掩飾（對動物的）殘忍或對之視而不見，此乃不容否認的事實。」[14]德希達主要關心的是食用肉品的工業化生產，當然，他也不是第一個以「種族滅絕」來論述大量生產造成大批動物死亡現象（見第三章與第八章）的人。

將人類與動物的死並列是為了檢視，是什麼樣的機制監督著那條差異的界線，讓人有可能漠視動物的死亡。其中一種監督界線的方式，就是主張不一定要將動物納入道德考量的對象，用哲學的詞語來說，即認為動物的死亡不及人類死亡來得重要。這概念指出，動物與人類之間有一個重大差異，即殺害動物可以免除刑罰。[15]許多哲學家都希望假借海德格極為強烈的主張，來證明這種界線的存在。在他看來，動物的存在不如人類完整，他們的死亡也不若人類的死亡重要，他說動物充其量只是不再存在，但人類的死卻重如泰山。動物生「不過是一條命」，死「不過是少了一條命」。[16]

克拉克（David Clark）在一篇洗練的文章中，針對海德格的觀點提出探討。海德格在一九四九年一篇演講中說道：「『機械化的食品工業』在「『本質上與製造毒氣室和集中營的屍體無異』」[17]，透過這種引喻失義的無情語氣，將動物的死亡連結到種族滅絕。克拉克鼓勵人透過放慢閱讀的速度，慢慢咀嚼字裡行間的微妙差異，避免做出過於草率的判斷。海德格或許有許多的弦外之音難以辨明，但他在這裡清楚、明確地透露出嚴重的道德瑕疵，暗示命中注定因種族滅絕而絕種的人類，有時也不過是死了幾條命而已。

動物死亡不比人類死亡的概念，往往造成可怕的後果，即人會比較兩者的孰輕孰重，也促使我們提出「沒有任何一種死亡是微不足道」的觀念。若動物的死亡並非微不足道，我們就能重新找回人與動物之間的連結性，來理解他們生命的豐富。動物的死亡使生命網破損，並對於其他生靈、人類和他者造成全面性的影響。

北領地的原住民常對住在維多利亞河地區族人養狗的狂熱大發議論，維多利亞河地區的族人也會對於雅拉林那一夥人對狗的熱愛指指點點。其實每一家人都有養狗，以前養的清一色是澳洲野犬，現在大多摻雜以歐洲為主的品種，形成奇特又迷人的一群，他們稱為「營區犬」。每隻狗都以人名命名，有許多名字是傳命之境的地名和主人所屬的國名。狗被納入親緣系統，族人也以名字、綽號和親戚等稱謂來稱呼他們。

雅拉林的人都說老提姆愛狗成痴，笑他對狗戀戀不捨，身邊總有一大群狗跟隨（據說有時甚至有上百隻）。老提姆似乎對別人的嘲笑毫不在意，他愛自己養的狗，並敬重有加。因為他的動物家族是澳洲野犬，所以屬狗，也忠於狗。雖然他與太太兩人膝下無子也許是他愛狗的原因之一，但他對狗的情感可能源自於原住民的狗在早期數十年間定期遭到大批殺害的影響。警察雜誌裡只有一張小小的便箋與當時射殺犬隻的故事有關，就我所知，真正提及「射殺犬隻」的只有一句話。人類學家班特夫婦（R. and C. Berndt）在文集中簡略介紹了一九四〇年代維多利亞河地區放牛牧場的生活情形。據他們所說，文集裡的人物雖是虛構的，但故事內容卻是根據事實改編。以下刪除重複的文字，保留原文中表達情緒激動的髒話之後，擷取其中一段描述射殺犬隻的故事內容：

騎警古比將卡車停在營區數碼之外，他們沒有事先給黑鬼什麼警告，這樣辦事比較容易，……他背著來福槍，快步走到原住民的傳統茅屋那裡。

「警察來了！警察來了！」營區響起恐懼的叫聲。

等警察來了的時候，他們已經來不及把狗趕到安全的草叢中，……有時情急下，甚至將最愛的幾隻狗胡亂塞進茅舍裡。有些比較樂天的人會搶著要占灌木叢的位置，將狗用長長的牽繩繫著，有些就讓狗在身旁蹦蹦跳跳。騎警古比暗自獰笑，心想這次應該可以滿載而歸，這群叫化子或許從上一次就開始飼養這群狗了。他舉起槍，瞄準那群飛奔的人影。

混亂的場面一觸即發，瞬間槍林彈雨，婦女驚聲尖叫，紛紛拖著狗群以更快的速度奔逃。一隻狗突然「汪」的叫了一聲，騰空跳起之後在泥裡又踢又滾，後來一隻接著一隻前仆後繼。有隻狗因爲負傷跛行，成了容易下手的目標，在牽繩另一端仆倒下來，但當時的情況也容不得啜泣的女主人稍做停留，因此她只能丟下繩圈，氣喘吁吁地逃離現場……

有群老婦人把一隻珍貴的袋鼠獵犬藏在毯子底下，瑟縮著身體躲在枝葉茂密的陰影下。但警察對他們每一個伎倆都瞭若指掌，他的子彈射穿毯子打到那隻狗，擦過其中一人的頭髮，使他們尖叫著驚慌逃竄……

又一顆子彈打到老人上方的牆上距離頭部不過幾英吋的地方，他則是虛軟無力地躺在帆布底下呻吟，……他年紀最大的太太著急地跑過去，把顫抖的他抱在懷裡。……眼淚滑落他枯槁的雙頰。他們縮著身子緊靠茅舍，警察一邊跨步走過，一邊用擦得雪亮的靴子前端粗暴地把一隻死掉的狗踢到旁邊。

狗群從營區向四面八方奔逃，無論好狗、壞狗或普通的狗；無論是優秀的獵犬、表現平庸或極討人厭的狗都一樣；只要是狗，都在槍林彈雨中倒下。

最後他放下來福槍，環顧四周，此時營區裡已經看不到任何一隻狗，只有一群嚇掉半條命的黑鬼。他心想：「對待他們最好的方式，就是讓他們明白一個警察隨心所欲的能耐，眞是一群沒用的廢物！」[18]

在另一個射殺犬隻的故事裡，作者想像有個原住民婦女這樣回應：「我不想回憶，因為這會讓我想起他們以前經常開槍殺掉許多人的那段日子，他們不是一次只殺一兩個人，是一次殺很多人。我討厭回想這件事，你問我為什麼？因為我要是生在那時代，也可能會遭殃。」[19]

故事裡可以清晰看到，射殺犬隻引發恐慌的目的，在於藉此展現權力，透過射殺犬隻的事件，經歷過大屠殺的倖存者可以明確感受到，原來殺害某些對象可以免除刑罰。權力與恐慌揭開了西方人與動物界線模糊的黑暗面紗：只要將人歸類為動物，就可以免除刑罰。射殺犬隻事件中隱含的威脅，是無庸置疑的。

射殺事件過後，族人將自己的狗安葬。我們在想像的集體葬禮中，似乎可以聽到哀泣，或嚐到潸然流下的熱淚。他們埋葬的不只是狗，而是他們的親人，在埋葬的同時，也凝望著摯愛和未來所愛的子子孫孫遭到滅絕的死亡空間。更甚者，曾經存在的狗現在卻已消失，那種「空無」並不是離開後能輪重回生命懷抱的道路，而是走向虛無的不歸路。這種空無暗示了：即使在這世上曾經是人，最後也可能成空、消失、不存在。另一方面，他們雖然為狗哀泣，將來卻無人為他們哀泣。他們早已預見滅絕的可能，也知道自己隨時會落入陰間，落入一片闃寂、無法形成敘事的地方。

種族滅絕的臉孔與絕種的臉孔，都將消失在可怕的空無當中。最終不但無法起死回生，反而成為不歸路，甚至是沒有未來的結局，這種失去真實存在恐怖，連「虛無」或「空無」等詞都無法恰當地形容。

死亡之所以美，是因為其神祕不可知，注視生命之光從動物臨終的雙眼中消逝，使人得以驚鴻一瞥那一無所知的領域。死亡雖不可知又無從想像，卻是一個而熟能詳的名詞。

我學會在打獵時看著動物眼中的神采逐漸消失，通常動物會在被打到之前定睛看著我們，然後在我們眼前慢慢地死去，有時我們必須徒手處理獵物，接著分配。令人驚訝的是，哺乳動物的體內是多麼地溫熱，當你把手伸進剖開的動物體內，就能肯定，如果未來有人對你做出同樣的事，他一定也能體會到相同的溫熱、質地、味道、鮮血。內在可以互通的密切關係形成移情作用，這種移情作用的基礎，就是透過觸覺所認識的哺乳動物親緣關係，以及有生必有死的共同命運。這隻死掉的動物有可能是未來的我，我有一天也會變成死掉的動物。

人需要吃東西的事實使覺察變得更加複雜，這隻動物會成為我身體的一部分，維持我的生命，使我多活一天。我雖然活著，卻意識到死亡與鮮血象徵動物無法繼續活命。殺戮是生命的一部分，因為生命包含死亡。所謂活著，就是瞭解生命如何仰賴他者的死亡而存在，他們的死亡並非抽象的概念，而是人一生之中不斷碰觸與咀嚼的東西。

伊曼紐爾．列維納斯告訴我們，「責任倫理」的第一條誡命，就是「不可殺害」[*][20]，但他

* 譯註：通行的中文譯本新標點和合本聖經，將上帝頒給以色列人的誡命譯為「不可殺人」，但希伯來文原意為「不可殺害」。

只論及人類，卻沒有處理或解答動物方面的問題。他的看法並未包含老提姆這類習慣打獵與採集為生的人。當我想到伊曼紐爾・列維納斯及第一誡命時，就會想像，如果老提姆和別人有一套誡命的話（事實上沒有），應該比較接近「不可對動物之死視而不見」。

在親緣系統中，動物的死亡是被擺在「責任義務關係」中。第一，人要對人與動物的關係負責，因為當濫捕造成他們的親人遭受傷害時，人類必須採取直接的行動來回應。然而，廣義來說，我們必須在所謂「好的族鄉」的各種關係中，才能做出殺動物的決定。殺動物是為了養育人類，而不是消滅動物或破壞族鄉。好的族鄉會存在一組蓬勃發展的關係，一種相互倚賴與共同承擔的關係。原住民為維繫族鄉裡的生活所做的一切努力，都脫離不了愛護與養育的現行關係。這並不是說他們所做的盡善盡美，從未犯過任何錯誤，或從未有人橫行霸道，而是說族鄉的昨日、今日、明日都與跨物種關懷息息相關。

連結性的基本邏輯對於說明什麼是自身利益極有幫助，在相互連結的現實生活中，個人的福祉與他者的福祉一脈相連。個體無法脫離關係的連結，因此人所遭遇的事情會影響另一個人的福祉。雖然這表示個體極容易受到傷害，因為自己的福祉取決於他者的遭遇，但這當中同時有一種恢復的能力。關懷他者就是關懷自己本身，自身脫離不了他者，因此沒有所謂只關注自己的自身利益。所有的意義都屬共同利益，雖然不至於無法區分，但卻交織在更大的生命中，跳著「生與死」、「自身與他者」以及「我們與他們」的舞蹈。

我們可以將利益和責任義務的千頭萬緒，與克拉克和德希達等哲學家所說，在動物與人之間劃出一條楚河漢界，會產生冷漠等許多可怕的後果並列討論。克拉克寫道：「只要一涉及殺害動物和沒有人性或動物化的人類，包括家畜的『選拔』與『管理』或『實驗動物』的安樂死、人類族群的『清洗』或『平定』，以及『為救全村而放火』時，人都會藉由一套託辭將自己擺在不同的位置，聲明自己做的其實是另一件事。」[21]

文字能掩飾人類應負的責任，在分隔社會裡的勞動分工，也會遮蓋其應盡的義務。我們在殺害與飲食的過程中與萬物的直接接觸，給予我們與之交會、據為己有和承擔責任的機會，但在西方的文明社會中，我們卻少有機會直接或間接見證賴以為生的動物死亡。現在的打獵不是常態，也不是通則，並因為受外部機構規範的緣故，所以獵人無須具備對於連結性的基本瞭解或自我規範的能力（雖然每一個獵人都可能對於連結性有基本的瞭解，也能夠自我規範）。我們購買大部分的食物時，也捲入了現代畜牧業這畸形的怪物當中，主流畜牧業的動物死亡方式變得更加畸形，德希達以犀利的文筆來表示，他說道：「經濟食用肉品生產的工業化，使用大量人工受精，以越來越大膽的手法控制染色體，使得動物不僅淪為食用肉生產與過度繁殖（賀爾蒙使用、基因雜交、生物複製等）下的犧牲品，也被製作成各種成品，所有一切都只是為了造福某種稱為『人』的人類。」[22]我們都知道這醜惡至極，但大多數人卻從未親身體驗：我們生活在飼養場外和公共屠宰場之外，看來我們真的深諳明哲保身之道！

滅絕真的如此不同嗎？若要瞭解消費導向的生產為什麼會造成滅絕，必須學會理解之間各個連結的關係，而這點基本上並不容易做到。工業化生產食用肉犧牲的是數十萬條生命。那些維持地球上生命網的物種、生態系、棲地、關係與連結，都在消費風潮中成了「拿來抵押的受害者」。[23]然而，虐待生命的怪物與大量浪費資源的現象，多半在有組織的計畫下幻化成無形，只有透過北極熊在消失的冰河上掙扎求生的衛星照片等方式，我們才能偶而瞥見遠方可怕的滅絕過程。我們一定要知道自己牽連其中，也必須意識到冰河的消失也是人類造成的結果。我們經常看到動物滅絕的消息，有些因為商業獵捕致死；有些因為家園被毀；有些則被視為害蟲，由此種種看來，我們一直處心積慮，找到開脫的藉口。

人類施暴與自我隔絕的能力，衝擊到人類的慈悲心，且經常落入冷漠或無能為力的狀態。我們應如何看待將動物的死亡與我們的生命相連的顏神、關係、情誼、連結和基因交換？我們應如何運用想像力，來進入死亡之地？

第三章 巴比的臉是我所愛

一九七五年伊曼紐爾．列維納斯寫了〈一隻狗的名字〉（Name of a Dog），這篇文章描述第二次世界大戰時發生的事件。列維納斯在二戰期間住在巴黎，為了在法國追求知識而隱瞞立陶宛的出身。他加入法國軍隊被抓到德國納粹的猶太囚犯森林游擊部隊做苦工。[1] 在監獄集中營的恐怖氛圍裡，卻發生一件不可思議的事情。有隻狗曾到他們那一組停留一段時間，他們將狗取名叫「巴比」。巴比每天早上目送他們去工作，對著排隊等候的他們開心地搖尾致意。每天晚上迎接他們回到住處，對著進來的每一個人興奮地吠叫，列維納斯稱巴比是納粹德國的最後一位「康德」。[2]

這篇文章寫於事件發生的三十年後，應該是篇很難完全理解的奇文，也許文中還隱藏了人對狗的敬意。按大衛．克拉克優美的辭藻來說，這篇文章是「在巴比巨大的陰影下所寫成」[3]。這篇奇特又挑釁的文章透露出列維納斯對於抽象界線的熱衷，這棘手的問題使我感到有些沮喪。要說我的寫作靈感大多來自列維納斯或許是合理的，因為我長期以來都著重探討冷門讀物。[4] 他在這篇文章中將抽象的倫理道德變得較為具體，在真實的物質世界確立「召喚與回應」的倫理。他雖未在文中明確指出，卻提到倫理能自我超越，並召喚我們進入關係，因此合理的推論是：我們都接受了召喚，一起踏入生成的旅程。每一個生成都建構於歷史之中，並因向他者保持開放而變得獨特。生成的過程必然根基於生命某個具體的情況，絕非也不可能是抽象的概念。

但問題是，列維納斯雖然將巴比的故事描繪得如此動人，卻也認為狗既無道德觀念，也沒有理性（152），並因此重申他和巴比之間絕對的界線。或許更糟的是，他形容巴比「沒有概化行事準則和本能欲望的聰明才智」（153），這短短十六個字，就足以摧毀這位偉大哲學家對於冷門讀物的寶貴貢獻。這篇文章既奇特、溫柔、挑釁又帶有神祕的氣息，不少學者也提出分析的看法。[5] 列威林（John Llewelyn）談到作者對於巴比的挑剔，恰好與我所思考的吻合，且問題幾乎只能繞著以下議題打轉：在這篇文章裡，是誰（人或狗）在進行哲學推理？是誰承認並證明了誰的尊嚴？為什麼無論缺乏統合能力是否值得讚揚或貶抑，都有人主張統合的必要性？最後又是誰始終無法出聲？

從表面上來看，列維納斯並未接納巴比。列威林解釋道：「有時候我們責任義務的對象僅限……直接面對面的對象。在康德只考慮人類的世界觀中，只有另一個面對面的人才是我應該負責的對象，在伊曼紐爾·列維納斯只考慮到人類的世界觀中亦然。我們只注視人的臉，也只被人的臉注視，這就是倫理道德最重要的層面。」[6] 每當我想到列維納斯對於巴比的排斥，就會感覺一陣痛苦襲來，別人也有與我相同的感受。例如：大衛·克拉克在他一篇出色的文章裡如此說道：「除了來回擺動的尾巴之外，還有什麼堪稱真正的『語言』？除了彼此問候並以他者的身分地位共同生活的能力之外，還有什麼堪稱真正的『倫理』呢？」[7] 彼得·史帝夫斯（Peter Steeves）則在另一篇精采絕倫的文章中探討為什麼巴比的臉不是臉：「巴比到底缺少了什麼？難道吻部太長就不能稱為臉嗎？是因為鼻子太濕？或是耳朵太垂？抑或是因為耳朵來回晃動的關係？為什麼這不能算是一張臉呢？」[8]

〈一隻狗的名字〉掌握到西方思想中人類定義的核心，西方思想其中一條區分人類與其他生靈的主要界線，就是區分人類與其他動物的那條線。[9] 列維納斯身為廿世紀探討「倫理他異性」最偉大的哲學家，竟然無法在他的道德觀中充分肯定這隻親近他們的動物裡面的人性，因此我對於他不接納巴比一事感到痛心。但痛心的事還不僅如此，埃利·維瑟爾（Elie Wiesel）在他的高見中，揭露了大屠殺與啟蒙運動之間的關係。他寫道，在奧斯維茲集中營中死去的不僅僅是人，「人的理念」（Idea of Man）也已隨之死去。[10] 三十年後，列維納斯透過文字重新恢復了人的理念。他無視此刻的真實，無視這些邂逅、恐怖的不確定性和極為殘酷的行為，反而將抽象與普世這兩種範疇區別出來。他概化準則的能力不僅抵銷了我認為他在哲學領域的主要貢獻，也重新恢復了抽象概念優於真實世界的專橫思維。列維納斯認為理性是人類與動物之間最基本的差異，因此重新恢復西方的二元對立思維，主張精神在物質之上，也超越物質，抽象與永恆優於近在眼前這種瞬息萬變的短暫生命。

他重新描繪界線的同時，也間接鼓吹納粹主義的種族優越論。鮑曼（Zygmunt Bauman）曾在文章中表示，人在種族滅絕中之所以遭到屠殺，不是因為他們做了什麼，而是因為他們是誰。無論臣服、叛亂、訴諸情感或其他方式，都無法改變死刑的命運。鮑曼最後說道：「我認為，種族滅絕斷然獨白式的特質可說是堅決排除所有對話的先發權、失衡的組合式關係，以及偏頗來源和作為，實為所有種族滅絕最關鍵的因素。」[11]我並非意指列維納斯當時是在鼓吹種族屠殺，事實上，〈一隻狗的名字〉驚世駭俗之處，在於它大膽地主張，「殺害動物可以免於刑罰」與「殺人可以免除刑罰」兩者極其相似。[12]但這篇文章的可怕之處，在於它複製了可能促使種族屠殺發生的潛在結構，尤其是這種預先劃設的界線，會阻止人針對特殊事件做出回應，最後更因此看重界線過於生命的真實。無論巴比怎麼做，都無法跨越列維納斯築起的那一道高牆。

無聲的狗

列維納斯在巴比的討論中，加入了聖經的經節，談到了〈出埃及記〉中短暫出現的兩隻狗。第一隻狗出現於〈出埃及記〉十一章6—7節，與上帝為救以色列人脫離埃及法老的奴役，而擊殺埃及全地的頭生子和牲畜。相關經文出現於摩西與法老的對話中，相當有聲有色，我們必須仔細閱讀這段經文，並記得這種類似的對話已經出現第七次。摩西在之前六次都曾預言，法老若不答應讓以色列人離開，埃及就會出現大災難。但上帝每一次都使法老的心剛硬拒絕摩西，而每一次的拒絕都伴隨應許的降災。摩西向法老說：「埃及遍地必有大哀號；從前沒有這樣的，後來也必沒有。至於以色列中，無論是人是牲畜，連狗也不敢向他們咆哮，好叫你們知道耶和華是將埃及人和以色列人分別出來。」[13] 並稱之為上帝的話語，因此這節經文也可視為上帝向法老所說的話。

列維納斯認為，上帝藉由祂自己的行動，開闢出一條明顯通往自由與尊嚴的道路。據他分析，狗的沉默相當於某種溝通。他主張狗能見證人的自由與狗的尊嚴的真實性，並以這段經文作為探討另一段經文的基礎。〈出埃及記〉二十二章三十節用以色列人在曠野時，摩西教導他們的諸多律法為背景。以下是其中一則律法（上帝仍舊透過摩西向以色列百姓說話）：「你們要在我面前成為聖潔的人。因此，田間被野獸撕裂牲畜的肉，你們不可吃，要丟給狗吃」，換言之，狗可以清除腐肉，但人不能。對於列維納斯而言，這段經文衍生出的矛盾是：為什麼動物能擁有某些權利，或以這例子來說，為什麼動物有權吃某些食物？對此他回答：

因為他們已作了見證，「狗具有超越的能力」。他的分析甚至更往前進一步，似乎主張狗因「一條腸子通到底」而具有將腐肉化成「美食佳餚」的能力。[14] 狗雖然缺少理性，卻似乎因禍得福，更進一步來說，牠們在〈出埃及記〉的那個夜晚，也能在上帝的故事中取得一席之地。

但當我從別的觀點來探討這段經文時，看到的卻是一個不陌生的故事。讓我們一起回到狗兒寂靜無聲的那夜，回想以色列人如何按照上帝的教導，將血塗抹在房屋的門框和門楣上為記。那天晚上的恐怖氣氛並不難想像，但我們知道上帝擊殺長子的災害將臨到房屋、田地和牛欄裡，遍地盡是難以忍受的血腥。以色列的百姓就在驚恐之中離開埃及，他們不是秘密逃走，而是埃及人求他們離開的。以色列人趁著夜色，在一片尖叫、哀號當中，在無數人哀悼的哭泣聲中，帶著自己的家當，還有埃及人的財產出逃；他們忐忑地帶著自己的孩子、牲畜、金銀財寶，匆忙逃離埃及，夜裡沒有一隻狗對他們吠叫或攻擊。他們像旅人行走在城裡的街上、田野和草場上，狗卻選擇靜默。人人都知道上帝已按祂的旨意占領了那地，而那天晚上上帝的旨意亦包含了恐嚇。如同史帝夫斯指出，上帝強迫狗保持安靜，因此狗以自己的聲音作為代價，成為上帝在那晚所做的工。

上帝不只限制狗身為犬科動物的能力，也使牠們變得相當平板。毀滅者在傷心與害怕的那夜昂首闊步，如果狗的聲音未遭壓制，或許會發出哀哀的嗥叫來回應死亡；有些可能會發瘋似地邊跑邊吠，卻意外迷路而從此再也回不了家；當然也有些會在原地兜圈子，狂吠數小時；有的則會溜進廚房，躲在櫥櫃後面哆嗦不已。但聖經經文先是符合狗會嗥叫的印象，卻又制止牠們的嗥叫，壓抑了牠們的個性和多樣性。後來堅持要狗吃腐肉的律法，又再次重申人與狗之間的界線，勢必也會分別將人與動物均質化。

我不解的是，上帝為什麼會希望法老特別注意到埃及的狗當晚的沉默。我們只能假設，或許上帝非常積極想要向法老證明自己的大能，所以不僅期盼自己能與法老一較高下，也希望祂子民的狗與埃及的狗之間能展開一場競賽。或許上帝以為法老在驚駭之餘，會向他的狗尋求保護，最後卻發現這群皇家豢養的狗竟然也因恐懼而噤口。

鮑曼認為上帝的行動結構與造成種族滅絕特徵的結構相同，這種分類方式所依據的是人的種類，而非人所做的事。上帝在生死之間強制劃出一條界線，一邊是埃及人牲畜和長子的死亡，一邊是以色列人的得救。如同蕾吉娜·史華滋（Regina Schwartz）在她的研究《一神宗教的暴力傳統》詳細探討所述，上帝在此處預示了祂帶領以色列人進入應許之地後施行的種族屠殺。[15]

如此看來，上帝似乎展現了祂對於生命價值分界的觀點：被揀選的，受拯救；不被揀選的，非死即傷。與列維納斯對待巴比的方式相似的是，我們在此處也看到道德價值分界的對比結構；這條界線決定了誰值得道德回應，誰不值得。對我而言，狗的無聲是這則暴力故事裡最殘酷的地方。〈出埃及記〉中的狗被噤口，牠們的沉默也成了最佳見證。若沒有上帝的介入，狗就沒有見證的能力，因此牠們必須接受上帝的安排，被噤聲則證明牠們本身的存在仍不夠好，牠們同時見證了上帝的大能與自己的不足。列維納斯分析巴比時所述說的，也是類似的故事，他先是判定狗沒有理性，奪走牠的聲音，接著又因牠靜默的緣故，被排除在道德價值之外。

如果將萬物的多樣性均質化、並分門別類將萬物塞進均質的類別中，確實如我所言會產生一種暴力，那我是否也正在對上帝作相同的暴力行為？或者對列維納斯亦是如此？或許可以說，其實上帝比〈出埃及記〉的故事中所呈現的更加多端，時而將氣息吹進祂的創造中，時而毀滅自己的創造。根據文學分析顯示，聖經裡存在著兩種對上帝的描述，暗示書中兩種敘事立場，非但沒有一致，反而背道而馳。[16] 著名的神學家（猶太拉比）約瑟夫．斯洛維奇克（Joseph Soloveitchik）則主張這並非一加一等於二的兩種敘事，而是同一敘事的一體兩面。他按照〈創世記〉中兩種創造故事的脈絡來審視這種二元性（duality），並基於人具有雙重特質，主張聖經所呈現的是兩種創造故事。「亞當一號」起因於上帝創造亞當與夏娃，並授權他們統治大地；「亞當二號」則是塵土所造，上帝用自己的氣息賦予他生命。[17]若我們為了認識上帝的錯綜複雜，接受人有二元特質，這是否意謂著我們也認為上帝具有二元特質？其中一個特質是已充分展現於提及上帝的經節中，稱為極端的「上帝一號」，會創造，也會懲罰、毀滅與恐嚇；「上帝二號」雖然極少顯露自己，卻是讚美詩中的好牧羊人，以最優美的姿態現身其中。

回到〈出埃及記〉，讓我們想像當「上帝一號」像死神一樣行走在地上，「上帝二號」帶著他的竿與杖前來，帶領以色列人離開。他的作法是，召集以色列的狗組隊護送每一家以色列人離開埃及。我們只能假設，當時已當了四百年奴隸的以色列人就如耶胡達·阿米亥（Yehuda Amichai）所稱，是一群「為奴之家的烏合之眾」[18]，此刻突然要大舉離開埃及，想必會發生互相踩踏絆倒、跌跌撞撞的情形，現場必然一片狼籍、混亂不堪。因此好牧羊人必須領在前頭，並要求其他所有的狗兒不要出聲，以免嚇壞這群以色列人。所有看過羊群被逼到絕境的人都知道，他們若受到驚嚇或不知所措時，會變成無法反應的笨蛋。以色列人的狗則以狗的方式，幫助以色列人順利出埃及，牠們迅速跑到以色列人的身邊並跟前跟後，催趕落後的、聚攏落單的。好牧羊人和他的狗看顧羊群，不使他們跌倒或迷失。

其餘的故事內容雖然與列維納斯的敘述不同，但也提及列維納斯文中另一個大膽的觀點，在筆觸中隱約透露出上帝與狗之間的親密關係。在我「上帝二號」的版本中，狗見證了人類六神無主的可能性，以色列人是靠著狗的合作無間，才能成功逃離法老的魔掌。雖然我無意直接分析吃腐肉那段經文，但分析的方向可能圍繞在脫離奴隸身分的過程。根據分析，他們在曠野漂流四十年的目的，是為了等待從未為奴的世代成長茁壯。而禁止人吃腐肉的規定，似乎也與分析相符。這背後暗示的是，狗早已知道自己可以吃什麼食物，但人卻必須透過教導。

另一方面，或許我看待列維納斯的眼界過於狹隘，抑或列維納斯有兩種面貌。對他而言，狗能吃腐肉表示狗極為單純（少了複雜的理性），能將不潔的肉類化為對身體有益的東西，同時也在少數其他評論狗的文章中，加入更多複雜的因素和悖論。「列維納斯一號」最後為堅持普世倫理的界線而拒狗於千里之外，「列維納斯二號」文章中極少透露自己的想法。讀者或許可以問的是，「列維納斯二號」是否願意選擇做狗而非人的同類，來擺脫抽象的思維？他是否認為巴比在呼喚我們脫離抽象化的束縛？他略微詼諧的語調本身，是否掩蓋了訊息本身要表達的隱喻？本書第九章將回來探討最後一個問題。

列維納斯〈一隻狗的名字〉以峰迴路轉的方式，扭轉了梭爾認為「人只救自己所愛」的主張。這群戰俘對巴比的愛不容置疑，但列維納斯卻彷彿將狗拒於千里之外。若連在所愛的面前，都仍存在人與動物之間的界線，就會衍生諾貝爾獎得主柯慈（J. M. Coetzee）在出色的小說《屈辱》（*Disgrace*）中所揭露的可怕問題。獲獎的《屈辱》內容極為複雜，因此本書僅探討著作中的某一部分想法。我認為該書描繪其中一段所形容的，簡直就是列維納斯與巴比之間關係的翻版，因此《屈辱》可說是〈一隻狗的名字〉賞析的小說版。

《屈辱》的主角是名叫大衛·魯睿的中年男子，他原是專門研究浪漫詩的大學教授，因為不斷誤入歧途，後來淪為動物福利診所的助手。他在資金不足的診所（因為動物並非族鄉的重點補助對象）所做的工作，是將動物抱在懷中等人領養，並殺死無人領養的動物。他必須先照顧動物，之後再協助殺死動物，作法就是把狗帶進死刑室，並將屍體處理掉。

他們在週日屠狗，焚化爐卻是週一才開工。大衛既不能隨意將屍體丟在垃圾場過夜，又不能留給焚化爐的工人，因為他們會搶在屍體僵硬之前，剁成容易處理的大小。因此大衛只好先把屍體帶回家，之後再帶去焚化爐，親手丟進機器裡面。他問自己說，為何要自找麻煩？絕對不是為了狗的好處，因為狗已經死了，他對自己說：「而且狗哪知道什麼羞辱不羞辱的。」最後他認為自己是在為自己著想，因為在他理想中的世界裡，「人不會為了方便處理的緣故，將屍體敲打成容易處理的樣子。」[19]

這件事與納粹種族屠殺十分相似，尤其動物與人類大屠殺的對比也是柯慈的作品中不斷出現的主題。柯慈一直不希望讀者簡化他的作品，也不想澄清與納粹之間的比較，但無論如何，他的作品都提出了何謂生命價值的問題。大衛和診所負責的獸醫碧芙每週日都要做出生死抉擇，他們認為自己的工作是社會冷漠的後果：狗之所以會死，是因為牠沒有人要。柯慈在這脈絡底下所運用的詞，是納粹用來表達「解決方案」（218）。[20]

如何解決狗的問題，是上帝應該回答的問題。但上帝會如此對待狗嗎？上帝會決定人和其他動物生死的命運，然後在死刑室裡將他們殺死並做後續處理嗎？〈出埃及記〉的故事的答案是肯定的，柯慈抽掉故事中關於拯救的敘述，並回答「沒錯」。事實上，《屈辱》完全反映了〈出埃及記〉的概念。在〈出埃及記〉的故事中，受揀選的百姓被拯救，這是〈出埃及記〉的重點。但在《屈辱》的故事中，不受揀選的被除掉，這是《屈辱》所呈現的重點。不受揀選的命運正是如此，而對此他們無能為力。

柯慈說死是一種屈辱，並表達得相當明確。大衛開始協助宰殺動物的工作時，逐漸瞭解到狗並不想走入死刑室：「牠們的耳朵平貼，尾巴低垂，猶如真的感覺到即將死亡的屈辱；牠們的四肢定住不動，我們必須或拉或推，甚至把牠們抬進門口。」（143）但死有什麼屈辱的呢？這就是關鍵的問題。對我而言，《屈辱》彷彿就是巴比和列維納斯的故事，因此我的注意力一直被拉回到大衛身上。要將大衛描繪成空虛的角色並不是件容易的事。柯慈如此形容他的空虛：

他感覺到自己體內有個重要器官受到了踐踏與凌辱，甚至是他的心。他第一次體會到變老、身心俱疲、毫無希望、無欲無求、毫不在乎未來……等滋味。他覺得自己對這世界的興趣已經一點一滴地流逝，雖然或許得經過數週或數月之後，他才會完全流乾，但他仍可以感覺到自己的生命之泉正逐漸流失，屆時他將如黏在蜘蛛網上的蒼蠅，氣若游絲，好似糠秕般毫無重量，只能隨風飄散。（107）

但此時有一隻狗闖入了這副空虛皮囊的心裡。診所裡這隻年輕的跛腳公狗觸動了大衛的心，使他對牠有了感情：「〔這隻狗〕再怎麼說也不是『他的』，雖然他盡量克制自己不給牠取個名字……卻非常清楚感覺到這隻狗並不吝於向他傾倒滿腔的愛意。他就這麼無條件地被這隻狗任性地領養了，他知道這隻狗甚至可以為他而死。」（215）這段情節發生於小說的後頭，也預告了這隻狗將來無論如何都會為大衛而死。我不能用無名氏來稱呼這隻狗，因此決定稱牠為「小伙子」。小伙子只要被放出籠子就會開心地蹦蹦跳跳，牠是一隻想要愛人、想要活著的狗，牠知道如何玩耍，也知道如何交朋友。牠使人憐愛、令人傾心，大衛變得越來越喜歡牠。但小伙子注定被殺的命運，是因為沒有人想領養牠。

時間來到書中最後一個宰殺的週日，大衛雖然一直留存小伙子的性命，但最後還是走過去打開籠子的門呼喚狗兒。「牠拖著殘缺的身體蹣跚走來，一會兒嗅嗅他的臉，一會兒舔舔他的雙頰、嘴唇和耳朵，但大衛都沒有阻止」，反而說：「來吧！」並「像抱小羊一樣把牠抱在懷中」走進死刑室。碧芙問他是否打算拋棄這隻狗，「沒錯」，他回答：「我是要拋棄牠。」

我們明顯見證了一場犧牲秀，但為什麼小伙子可以被拋棄？列維納斯拋棄巴比，是為了挽救人的理念，大衛又是為了挽救什麼而拋棄小伙子？表面上看來，大衛犧牲小伙子是為了挽救人與動物的界線，以及人掌控那條界線的權力。大衛的選擇更進一步證明，他的空虛會帶來惡果。這是他最後一次誤入歧途，因為他本來可以救小伙子免於死亡的羞辱，卻不願拯救這隻愛慕他、領養他的動物。因此他在我們眼中比小伙子更加殘廢，他的心靈早已僵死。雖然書中將死亡視為一種恥辱，但柯慈告訴我們，死亡不等於恥辱。小伙子是因為被排除在有愛的生命世界之外，才淪落到被宰殺的可憐命運。那是一種被拋棄的恥辱：因為你所有的愛與愛撫、你的臉龐、舌頭、你快樂的吠叫，都不足以吸引人與你建立關係。大衛的轉身離開，顯示出的是他自己的恥辱。

第十一個問題

法國女性主義哲學家伊瑞葛來（Luce Irigaray）提出十個〈列維納斯必須回答的問題〉，並逐一指出她發現列維納斯作品中的空洞之處。列維納斯的思想空洞，來自於他對抽象化的堅持；他否認真實世界是他者的存在。列維納斯雖然在作品中運用了臉孔、愛撫和呼喚等極為具體又實際的意象，卻將這些具有人性與這世界的意象硬生生從物質對象的關聯中拔除，重新將他們變成抽象的語言。他曾寫道：「不要注意到對方眼睛的顏色，才是與他者邂逅的最好方式。」[21] 一言以蔽之，伊瑞葛來的問題就是：如果他者僅限某種性別的話，那麼女性的特異之處為何？當然，伊瑞葛來主要的課題，就是為女性爭取具體、有感、明確又具包容能力的主體性。她質疑列維納斯其實是在逃避「宇宙自然的臉孔」[22]，而非將自己侷限於人類他者的小框框裡。對於伊瑞葛來而言，人的特異性無法與世界的具體性分割。

列維納斯與伊瑞葛來皆同意倫理學應成為哲學的基礎[23]，但對於他者的特異性意見分歧。列維納斯希望能抹除差異，但伊瑞葛來主張，互為主體性的倫理體系無法靠著消除差異而成，我將於第九章來探討這棘手的議題，目前暫且繼續討論伊瑞葛來與她充滿愛與批判性的見解。她證明抹除是一種拒絕承認他者真實性的暴力行為，透過她提出的一連串問題，我們看到列維納斯這位研究倫理他異性學的哲學家所做的，其實是在抹除他者，並犧牲了女性的特異性及其體現的愛撫。她的問題揭發了背後操作的原理：抹除他者的特異性堵住了他者嘴巴的方式，不但會使豐盛的自我萎縮，也會排擠他者的存在。她揭露了一個令人吃驚的秘密，即列維納斯的作品裡面並不存在所謂的「他者」。

列維納斯的文章原本可以走出極為不同的方向；他可以教導我們一種跨物種關係，並建立愛與連結的生態倫理。巴比原本可以帶他走到這地步：牠帶來的並非抽象的概念，相反地，牠又叫又跳，想必也舔了那些人的臉和手。巴比所迎接的既非人的抽象定義，也非具有某種「特殊物種」尊嚴的男人，而是活生生的人，是被納粹統治，盟軍若沒戰勝就必死無疑的囚犯，當中有些人死了，有些人活下來成為有名的哲學家，無論死活都是歷史不可預測的偶然，絕非抽象定義所左右。然而，列維納斯卻忽略巴比的真實性，選擇了本身空洞無比的抽象倫理，世界也因為失去的聲音，因為被拒之於門外而變得空虛寂靜。

想像故事能有另一種版本，會衍生另一個列維納斯必須回答的問題，一個與上帝有關的問題，即我所稱的第十一個問題：在倫理學的層面，我們是否能同時相信兩者的存在？我們是否能相信有一位上帝偷偷潛入某個地方，在那裡進行揀選、排除、殺戮，同時又相信有一隻狗搖著尾巴，帶著美好生命的熱情走進納粹掌管的死亡地獄？列維納斯犧牲了巴比，並不僅為了挽救人的理念，也是為了挽救上帝的理念，所以他的答案應該是否定的。看起來「上帝一號」當時施行拯救的原因，是為了接下能行使區分人知死活，以及呼求是否被傾聽的人之間那條界線的權力。若我們立志完成「上帝一號」交付的使命，那麼即使界線另外一邊的是你心之所愛，你也不能拯救他們。[24]

大衛．魯睿將越來越多的祭品獻上，宰殺的次數也越來越多，他將宰殺變成一種明顯的獻祭活動。正如亞伯拉罕的命運一般，最艱難的獻祭莫過於獻上自己的摯愛。柯慈明白向我們證明，愛使獻祭變得艱難無比。在這古代的故事中，上帝使亞伯拉罕免於獻上自己的兒子為祭，上帝因他的順服而願意賜給他替代的祭品，讓亞伯拉罕改以當時出現的公羊獻上為祭。我們在閱讀這故事的時候，大多會考慮到當地其他宗教有獻活人祭的傳統，而上帝與亞伯拉罕之間關係的特別之處，某部分在於亞伯拉罕及其族人不會獻活人祭。從人和動物之間危險分界的觀點來看，我們應該保留故事中的公羊，如此才能主張上帝看重人類活著的意義，也看重動物死去的意義。我們也會記得，康德和其他關注人的哲學家都主張，人必須仰賴動物的犧牲，才能達到完全的超越。我們或許會回想〈出埃及記〉的故事時，記得上帝只重視某些人的性命，而非看重所有人的性命，也會發現只要將被殺害的某些人比擬為動物，或為了讓世界更美好的某種祭品，就可以免除刑罰的邏輯。當然，我們也希望謹記，上帝稱某一群人是他心之所愛，並將他們留在界線另一邊，使他們得以存活。如同德希達所述，「即使是動物都知道……當人向上帝說『我在這裡』時，就是牠們遭逢厄運的時刻。」[25]

大衛是否想像他可以藉由「犧牲」來填補自己的空虛？柯慈代表巴比、小伙子和其他不受揀選的宣布：你可以將整個世界燒成一堆高聳入雲的灰燼，但每當你殺死一個地球上的動物同伴，你和這世界就會變得比你一開始的時候更加孤單，也更加空虛。

空虛遺留下許多黑暗，巴比的陰影從納粹的死亡集中營不斷拉長，延伸到越來越多動植物消失的今天，不斷傳講著他者的倫理臨近性的真理。巴比與其他所有自由的狗既非揀選，也非被揀選，而是陪伴在身旁或參與其中的一分子，牠們帶領我們接觸這世界的喜悅，置身於各種生靈的聲音、氣味和碰觸之中。在相逢與相識的戲碼中，我們感覺到自己漸漸被對方認出來，成為狗兒黑亮又冰涼的鼻子的俘虜，感受牠們粗糙舌頭的愛撫，掉入狗兒那雙凝視生命奧秘的深邃眼眸之中。

第四章 生態存在主義

我們與世界同爲手足，無論你是鳥、蛇、魚或袋鼠，我們都流著紅色的血。——大衛．高皮利，《高皮利：都流著紅色的血》（*Gulpilil: One Red Blood*），2007

西方的思想發生兩大變化之後，轉而主張不確定性與尋求連結性，形成目前所面臨的情勢，而「生態存在主義」則對這兩大變化提出回應。因此我將循著列夫．舍斯托夫、普里高津（Ilya Prigogine）以及普蘭伍德的教導，迅速地回顧這些變化，希望能回應梭爾認為「人只救他們所愛」的主張，來瞭解梭爾說的「人」所指為何？

列夫．舍斯托夫很早就已提出對於現代性的批判，並提倡存在主義哲學。舍斯托夫一八六六年生於俄國，於當地接受教育，一八九五年開始到西歐旅行，有時住在俄國，有時住在德國或瑞士。革命之後搬到巴黎寫作與教書。舍斯托夫的作品譯成法文之後，才逐漸在宗教哲學與存在主義哲學界成為舉足輕重的人物，對卡繆的思想影響尤深。[1] 他的思想有兩大主軸，其一是批判全心全意發展進步、並相信確定性與命運注定的現代社會；其二是極力宣揚狂野、大膽的智慧，呼喚人與世界相連結，稱為「癲狂」。他的作品中充滿強烈的道德感，呼籲人在不確定性中仍要勇敢做出承諾，並與世界連結。

舍斯托夫有預感未來將發生大災難，他在最鞭辟入裡的一段話中說道，西方社會對於抽象與確定性如此深信不疑，「將會毒害存在的喜悅，並帶領人通過可怕又可憎的小徑，來到虛無的入口。」[2]從文字的脈絡及當時的年代可以得知，這段文字描述的是西方社會如何使自己陷入存在的絕望深淵，或許當時的他就已預見納粹後來開啟的那條種族屠殺之路。如今我們也能將這段話視為一篇生態的聲明，揭露我們如何使自己和世界陷入更大的死亡之地的事實。

「存在主義」一詞有許多意涵，是「經常使用、頗受爭議的詞彙」。[3]我選擇以一般定義來闡述以下主張：人既沒有預先存在的本質，未來也沒有終極目標等著我們，卻能經驗到身為人與變成人那種出乎意料的開放性。此處的「存在主義」明顯交織於西方思想史的脈絡中，意在探究人類的真實與可能性。人本存在主義哲學家將令人不安的孤單歸咎於人類的自由，並認為人之所以感到孤寂，是因為我們人類在這宇宙中其實是孤獨的存在。現代西方社會對於人類孤獨的概念或許始於哥白尼，後因為科學研究延展了地球及宇宙的時間軸線而大幅增長。當時間軸拉長，地球也不再是宇宙的中心，人類也顯得不那麼重要了。約納斯引用十七世紀的基督教思想家，帕斯卡（Pascal）所言：「我將自己投入浩瀚無垠的宇宙中，卻不認識這個宇宙，宇宙也不認識我，我感到非常害怕。」約納斯認為，話中那句「不認識我」，即宇宙對人冷漠的感覺，就是使人類感到更加孤獨的原因。[4] 廿世紀的猶太思想家斯洛維奇克也以一氣呵成的文筆，來形容人因時間感受到的孤獨。他將「人」比喻為「要搭便車的旅人，突然被邀請搭上一輛不知從那兒冒出來的旅行快車，將他丟進永恆的深淵之後，又急忙衝到其他不知名的地方，途中也一直有人上上下下。」[5]

當代西方哲學在主張「上帝不再與人同在」或「上帝已死」的背景下發展出存在主義，「存在主義」的定義從未統一，也沒有明確的分界。因為沒有上帝，因為二元對立思考的文化將人與大地上其他的存在隔絕，也因為失去了機械論的世界觀中固有的確定性與命中注定，使存在主義只能努力對抗人在宇宙中被孤立的恐懼。而我則在「存在主義」前面，加上「生態」一詞。為與「存在主義」的孤獨抗衡，我提出人類身為與大地其他物種共同演化的存在，與大地上各樣的生命屬一個家族，共同立足於時空當中的概念。我們依然是不具預先存在本質或命運注定的生靈，也是未成品。同時，當大地上各樣生靈緊密相連，就不會產生根本性的孤立，反而能徹底融入其中。如同我們在「巴比」與「小伙子」的故事中所見，人會感到孤獨肇因於自己所犯下的錯誤。事實上，我們的生命從頭到尾都在處理跨物種的課題。[6] 故此，生態存在主義提出「生成的親緣關係」，這種親緣關係沒有終極目的、沒有這世界以外的上帝來施行拯救，也沒有鐘錶原理推著我們滴答滴答地向前走，另一方面，在滿滿的豐富裡有冒險、有喜樂，也有著與地方、時間和大地上錯綜複雜的各種物種生命之間的羈絆。

不確定性：神祕的幽靈

數千年來，西方世界都緊抓著對於秩序、確定性與可預測性的深層渴望而不放。古典世界觀在數千年以前，設計了「整體優先於部分」的基本框架，在那之後也多次進行修正，使之略有不同。若我們假設人屬於更大的整體，而更大的整體優先於個人，即暗示整體比個體更好，因為個體只是整體裡面不甚完整的一部分，換句話說，個體是為了整體而存在。因為整體優於個體，所以個體能透過尊重整體來找到存在的意義。主張整體優於個體的思考，必然包含秩序、可預測性，也包含理解的可能性。舍斯托夫透過「思辯哲學」的脈絡闡釋如下：

「思辯」這概念的本質與意義，亦稱「心靈的眼光」，意指人訓練自己在他裡面看到單一整體的一小部分，相信只要他毫無怨言、滿心喜樂地將自己的生命融入整體的存在中，就能找到存在的意義，發現「命運」所在。一台機器有螺絲釘、輪子和傳動皮帶等物件，但無論是由人組合而成的世界，或個別零件組合而成的機器，本質上或自身都不具任何意義。唯有「整體」——意指前者的機器或後者的世界——能順利地運轉，按著既定的方向不斷前進，他們的存在才有意義。[7]

在柏拉圖的時代裡，星宿的秩序是規律的典範、是秩序的存在，這意謂著完整的知識也可能存在。取得這種知識的方法，則是透過抽象的思考。柏拉圖在《斐德羅篇》裡提到，遠在佈滿繁星的天空之外有一個地方，那裡是真實存在的居所：「那兒是真實的存在的居所，它沒有顏色，也沒有形狀，人無法觸摸，唯有理智或所謂心靈的嚮導，才能直視它。一切真正的知識，都源自於它。」[8] 柏拉圖就此將真理及真實存在，與抽象和永恆連結，也與沒有形體、遠從大地之外的外來觀點以及人類的理性連結，上述一切都是大地上有形物質世界之外的存在。哲學可以提供人的理性，能理解無限和永恆的意義，使柏拉圖得到慰藉。

唯有從未失誤的原理與規則，才是可靠的原理與規則，而宇宙必須永恆不變，才能確保原理與規則萬無一失。過去所觀察的也必須適用於未來，過去與未來的交互關係被稱為「時間對稱」，但必須以永恆不變為前提。無常與流動的生物世界在整體與個體的標準框架裡，以及相關的時間對稱中，反而相形見絀。

舍斯托夫希望能抽絲剝繭，一一舉出永恆與不變的「確定性」背後許多可怕的含意：

確定性殺死了上帝，因爲它拒絕上帝突然出手介入世界的自由；確定性排除大地上生命熱情與活躍的特質，因爲這些特質容易改變、在持續不斷變動、容易遭受死亡的威脅，並充滿了不確定性；確定性以相同的理由要我們自我斷絕關係；確定性以相同的理由要我們「與世界及其中一切斷絕關係」，因爲這世界是無常、容易遭受死亡威脅，並充滿不確定性的。[9]

確定性的立場是：「世上存在的萬物必會逝去，注定要消失。執著於這種世界不放是否值得？」[10]他認為當我們逐漸變成確定性的奴隸時，對於現實世界中真實空間的理解就已嚴重失真，同時，我們生於斯死於斯的現實世界也由於我們的緣故，而失去了它的「魅力與吸引力」。[11]

舍斯托夫在世時，西方思想的根基就已開始鬆動。我們已走到普里高津在他刻骨銘心的敘述中所說的一句「確定性的盡頭」，也在各時代的學術思想盡頭。確定性的方法已揭露出宇宙、地球和生命最根本的不確定性，我們置身於偉大的科學巨變中，不只是小小信號燈，反而像是一場海嘯。

我們對這世界新的理解，扭轉了整體—個體的關係。現代科學聲稱整體大於個體總和，有如一聲晴天霹靂，雖然因為變成陳腔濫調而威力稍減，卻仍影響深遠。主要受到打擊的應屬確定性的幻想，法蘭克·伊格勒（Frank Egler）表達得非常逗趣：「生態系統或許不比我們想像的要複雜，而是比我們所能想像的更為複雜。」[12] 人無法從他檢視的系統中抽離自己，柏拉圖想像在遙遠的某個地方有純粹知識，但這種幻想是站不住腳的。因為個體屬於系統裡的一部分，同時系統本身也透過個體的行為不斷形成，而個體理解這系統的可能性仍舊微乎其微。[13] 這種轉變必須仰賴某些概念的改變，包含從動態平衡到動態不平衡，從客體性到互為主體性，以及從宿命論的預言到不確定性與機率性的知覺意識。[14]

不確定性打破了時間對稱的神話，主張過去的觀察必定永遠適用於未來是不可能的。令人驚訝的是，時間對稱的神話破滅之後，人又重新承認神祕在生活中的重要地位，不再將神祕視為不共戴天的敵人。我們不是機器的零件，而是參與在生命互相連結過程中的一分子。神祕之所以出現於人類的生活中，是因為人無法認識整體的全貌。

普里高津的作品探討的，是具有生命的特徵，但絕對無法在那種隨著時間變化的不可逆過程中取得平衡，而「時間之矢」非常清楚表達出不可逆過程所產生的熵。時光不能倒流，生命的盡頭就是死亡，我們別無選擇。普里高津偉大的科學貢獻，就是證明時間之矢也是秩序的來源：因為生靈有生有死，所以不可逆的時間亦能扮演積極正面的角色。不可逆的特性造成生與死，因此生與死兩者交互影響。[15]普里高津與舍斯托夫都堅決主張（普里高津甚至進一步用數學證明）真實世界的錯綜複雜，奠基於生與死的無常與流動。

上一個世紀的哲學不願再相信可以在宇宙的確定性中找到成為人的意義，這種變化反映在「人本存在主義」的內涵中。西方悠久的思想史長久以來從整體論汲取邏輯、隱喻和神祕的力量，少了確定性的概念之後即遭到推翻，而我們也被拋回存在主義哲學所稱的「絕對荒謬狀態」。在這充滿不確定性的世界，所有一切都是未定的。我們並非朝著未來某個時間點一起前進，也沒有所謂的「整體」做我們的嚮導。

連結性：動物的幽靈

動物經常在西方世界的想像中作祟，這種猶如鬼魅般的存在，來自於存在已久但現已逐漸崩毀的二元論，也因二元論而從未消失。二元論的思維影響整個古代西方世界並沿襲至今，肇因於「分離」與「階層」這兩種知識概念的發展。偉大的生態女性主義哲學家普蘭伍德，以

「超分離」（hyperseparation）來描述這種分別。[16]「超分離」不僅意指萬物彼此相異，而且之間存在著對立與極端的差異。故此，男人的理性對應於女人的感性，男人的主動對應於女人的被動，男人的剛強對應於女人的柔弱。結合超分離與二元論的人就會主張：如果人類具有理智，自然就一定沒有心智，如果人類是主動的，自然就一定是被動的。若人類會思考、會說話，動物就是沒有說話能力的畜生。人認為心靈遠遠高於物質之上，以為宇宙或天堂遠高於地上、永恆與確定性的價值高於無常、變化多端和不確定性等等。按優越性區分的階層，其實就是控制的階層：文化優於自然、心靈優於物質等，甚至其他一連串我們極為熟悉又壓迫性的例子。

「文化」與「自然」是主要二元對立的例子，文化意指人類，自然意指人以外的其餘生物。自然／文化將人與其他動物區分開來，並高舉人類在其他所有一切之上。因為動物是與我們的臉、形態和機能最為接近的一種自然，所以這組二元對立的關鍵是人與動物的分離。這時問題就來了：如果我們與他們相像，是否就覺得自己的起源和命運並不特殊？如果我們與他們不像，是否會被孤立？如果我們不屬於他們，會屬於誰？我們應對誰負責？我們的倫理界線在哪裡？我們在與生命、死亡、思想、經驗、知識、同理、關心、才智、交流與愛的界線又在哪裡？他們的同在使我們成為誰？又，當他們不在時，我們又成為了誰？

親緣關係：連結性的幽靈

新的知識體系認為世界尚未完全成形，人類是在塑造中的世界不斷演化而來。這不代表我們人類的全能或全知，事實絕非如此。因為我們的權力遠超過控制後果的能力，所以得經常面對自身的無力感。人類永遠都無法得到完全的知識。這世界——這顆有生命的大地——不斷自我塑造，我們也處於那過程之中，世界塑造我們，我們也從未停止塑造世界。簡言之，我們都參與在這正在發生的故事中。

若我們說生命是一個生成的過程，就會面臨到更多的問題。自然界是否有自己的渴望、自己的記憶、目標與知覺呢？生物學家琳·馬古利斯與多雷昂·薩根給予肯定的回答。他們說：生命是「會做出選擇的物質，每個生物⋯都會敏銳地回應不斷變動的環境，並在活著的時候嘗試自我改變。」[17] 選擇的能力使生命世界充滿不可預測性與不確定性，雖然這不一定意味無限的可能性或找到生命的出路，但透過持續的自我組織與自我修復，生物體或生態系統，甚至是整個生物圈，都在不確定性底下努力成長茁壯。我們可以說生命有其渴望，也能談談這些渴望是什麼：生命渴望多元，除了參與、創造、實驗之外，還有更多想要實踐的事。

人本存在主義發現人面對宇宙時的孤立，但對於生命連結有新的理解，使我們明白自己並不孤單。我們身處的是一個互為主體性的世界——一切萬物都是有知覺的主體，彼此互望。

丹麥的生物學家霍夫邁爾（Jesper Hoffmeyer）將互為主體性的理解推展到美好的極致。他主張一切存在都以交流為基礎，並將宇宙視為一種「符號域界」，主體性是所有生命的基礎，也是整個宇宙的基礎。「生命完全奠基於符號學，及符號運算之上。」霍夫邁爾透過檢視從宇宙到地球、到生命系統、到個體的符號學運作過程，來恢復人與自然的連結性。若說我們探討的基本欲望幾乎與其他所有系統相似，並不是一種擬人化的投射，雖然一般大多如此認為。霍夫邁爾與別人的近期著作都證明連結性、相似性與類比性都確實存在，因此人也確實有可能理解自然。霍夫邁爾寫道：「這生機蓬勃的世界……可能令人敬畏，也可能令人感動，但無論如何，它都與我們有關。我們與這世界都是由同一種原料所造，世界之所以與我們相像，是因為它憑空創造了我們。」[18]

若暫時往後退一步，會發現二元論與原子論的終結竟同時出現於貝特森（Gregory Bateson）的著作中。貝特森原是人類學家，經歷漫長又坎坷的歲月之後，為追尋各種學術問題的答案而進入不同領域的田野調查研究。貝特森的基本主張是，存活不應以個體或物種來計算，而應以生物體—環境的交互關係來決定，這背後的論點是：生物體破壞自己的環境是一種自殺行為。[19] 據他分析，生物體和環境相互影響、共同演化，隨著時間的流動，在生成的過程中共同參與。這些主張足以瓦解所有超分離的意識，取而代之的，是那種恆久糾結的關係與深層交互作用。大地上生命彼此糾結的關係因連結性而出現，也支持連結性的發展。思考這些議題有許多方式，我認為親緣關係模式是其中之一。親緣關係使我們立足於大地上，宣稱我們無論在時間上或空間上都不孤單：這裡是我們的家，有著各種與我們相似的生命（大地生物）誕生，同時我們也與時空當中世世代代的大地生物緊密相連。我將於第八章回來探討這些主題。

不確定性是塑造世界所需的條件，自然的方式就是新的方式，如普里高津所稱，是「新奇、不可預測的創造」。[20] 自然出現的不可預測性創造了大地上複雜的生命，源源不絕，因此從不失趣味，人類這物種更因此油然而生，這倒是另一個對我們有利的原因。我們西方人自稱「晚期智人」，意指會思考的動物。這很明顯是非常自大的心態，但也透露出一個令人難堪的事實：我們竟然是有求知慾的其中一個物種（絕對不是唯一的物種）。當求知慾碰觸到「人不可能獲得完全知識」的神祕面紗，我們卻因此上了癮。召喚我們的「神祕」與「欲望」不僅是感官經驗的語言，亦有其專屬定義。神祕是「整體系統」的基本屬性，人無法從他檢視的系統中抽離自己，此外，因為個體屬於整體的一部分，所以每當個體接觸到背後系統的完整性時，都會與神祕相遇。同樣地，欲望也有其專屬定義，所有生命都擁有這種自我實現的意願，因為生命本身在許多個體和過程當中，都具有自我修復、自我改變和自我實現的能力，而人類的自我實現包含獲取知識的欲望。因此欲望必能引領我們與神祕相遇，同時，在理解正確的情況下（希望不會過於弔詭），我們也因為神祕感如此地靠近而更加渴望瞭解。

馬古利斯與薩根所定義的生命與時間相互合作，並且成效頗豐：生命總是不斷「保留過去，使現在與過去不同；生命結合時間，擴大複雜性，並為自己創造新的問題。」[21]在較廣的脈絡底下，生命就像是「跨國聯盟的網絡」，能「使生命遍滿整個行星表面」。[22]人類這物種自從失去了組成地球上生命結構的連結性，似乎就很難永續存在於世。不僅如此，更日漸成為橫亙在生命面前的困難之一。托洛茨基（Trotsky）在數年前以「戰爭」比喻，若將他的比喻擴大來看，就會發現戰爭早已發生在跨物種之間，而不僅是人與人之間發生的事。你或許認為滅絕與你無關，但我想換句話來告訴你，滅絕絕對與你有關。

對於確定性的著迷或許是穿過神祕與欲望變化的其中一種誘因，並於起伏變化中提尋覓一條界線與穩定性。生態存在主義鼓勵我們活在不斷變化的狀態中，並全心疼愛這充滿不穩定性與不確定性的大地。面對這萬物相互連結的世界，我們首先要探討的倫理問題，就是如何欣賞人與他者之間的差異，同時要明白我們彼此互相依賴。如何透過跨越物種的方式，參與世界的塑造？如何創造萬物共榮的世界？如何在這滅絕的時代意識到我們周圍的人或物正走向滅亡，並善盡我們的責任？

第五章　歐力旺之犬

好的鄰舍應該要持續不斷地說，就是滔滔不絕的那種。——愛德華．強森，發表於〈爭取辛普森沙漠西北部土地權會議紀錄〉（編號：126）

我將門上的窺視孔當作小小的呼吸管。這裡是澳洲中部的辛普森沙漠，我在寒冷的夜晚把自己塞進睡袋裡，往外可以看到天上繁星點點。歐力旺（Orion）經常於冬天黎明時分的沙漠出沒，以撩人之姿平躺在地平線上，是偉大的黑夜民族之一。即便只是從通風口打量，我都很開心能看到他。

大家都說他是英勇的獵人，或許是吧，但這不是重點。只有他會在追趕兔子的時候把腰帶繫得低低的，垂掛在那兒的角度看起來既有趣又有魅力。他鍥而不捨地跑遍澳洲的各地和天涯海角，只為了追趕七姊妹*。雖然大家對他的稱呼不同，但人人都知道他在追的是女人。

* 譯註：金牛座又稱七姊妹星團。

從我第一次在北美洲認識開始，他就陪伴著我長大，來到澳洲之後，我才開始聽到他在這族鄉的許多冒險事蹟。在我的印象中，他的身上總是繫著原住民的腰帶，那是一條有著完美赭紅色，上面精心排列著最鮮豔、最閃耀的珍珠貝的繩子所做成的腰帶。其實我從未真正欣賞男人大腿的內涵，但那是在看過原住民男人跳舞之前。事實上，只要坐在地上，眼睛緊緊盯著……嗯……你就會發現，即使是個白髮蒼蒼的老人，也可以使你心蕩神馳。

……但這絕不是在冷到無法散步的寒夜裡，還帶著一包行李的小姐會想做的事，只有讓歐力旺獨自享受夜間狩獵，好好睡個覺才是上上之策。

到了早上，我明顯發現七姊妹整夜都在營區附近徘徊。防水布上結了一層冰，我耳邊彷彿響起了弗萊德．畢格思叔叔講古的聲音。羅蘭德．羅賓遜（Roland Robinson）於數年前將這則故事寫成一首詩，並將之命名為〈星星部落〉（The Star Tribes）

這世上有七個姊妹，飛越天空
旅行，能親手造出真正的冰霜。
你在草原上紮營，隱約聽見她們發出的聲音，
她們從天空俯視，看見我們升起的營火，

飛奔著穿越天空的她們唱著
「我！我！我！」，甦醒時你將發現
背包、營帳，甚至遍野，都已成銀白的冰霜世界。[1]

多麼美阿！多麼好聽的故事！喔老天，這真是美好的早晨！

雖然天空中的每一個角落都有說不盡的故事，但我常感覺北方的星辰分外寂寞。每當你跟熟悉的夜行俠道別時，都會感到悵然若失。既然知道澳洲這塊土地上沒有熊，就代表天上也不會有熊，因為一點也不搭。然而，我仍舊喜歡想像她們在自己族鄉的夜空中閃爍著燦美的星光。

認識新的星星需要費一些時間，但開始熟悉它們之後，我發現自己雖然離熊座很遠，卻變得與鱷魚座，無論是天上的族人或地上的同胞，都更加靠近。我一開始認識南十字星，是因為馬克·吐溫作品的緣故，可惜的是，我在字裡行間看不到他有任何感動：

我們穩定向南移動，一路朝著南半球那突出的大肚腩走去。我們昨晚已經看過北斗七星，也看到北極星沉到地平線之下，消失在我們的世界之外……但因爲從沒看過南十字星，所以我的興趣全在那上頭。也因爲這輩子風聞南十字星已久，所以自然會急於想要看到它，再也沒有其他的星座可以製造這麼多的話題了……能夠引發如此熱烈討論，想必會是個能把整片天空都占滿的星座。

但我錯了，今天看到的南十字星座並不大，這星座既不大也不特別亮，……不過命名是還蠻有創意的，因爲若要說它看起來像什麼，它看起來確實就像十字架會有的樣子。

南十字星座有四大顆星與一小顆星，……看星星時必須忽略那顆小星，把它從組合當中略去，否則會造成混亂。忽視小顆的星星之後，就可以將那四顆星看成某種十字——但不是正的十架，或某種風箏——雖然角度不是正的，又或者像某種棺材——但也是歪的。[2]

我逐漸瞭解星星背後的故事，並學習珍惜她們之後，才覺得這段敘述其實並不算是引領我的入門磚。對於我在雅拉林及附近社區的老師而言，南十字星座就是鱷魚座。肉眼可見的星星是圍在鱷魚四周將他刺死的男人，黑夜則是鱷魚的身體。鱷魚本身則是故事的主角，連結了人、語言、文化、數目、打獵、沙漠中的水泉、貿易路線與九月的強風。故事一開始提到的，是灰裸鼻鴟傳命族（Owlet Nightjar Dreaming）的始祖夜鷹人（Nightjar），他努力想要殺死占據家中水泉的大鱷魚，但因為矛不夠堅硬，所以必須前往鄰國取得某種特殊的木材製作新矛。他回到家裡將鱷魚殺死之後，決定小睡片刻，沒想到這時卻有幾個厚顏無恥的年輕人將他的鱷魚煮來吃。夜鷹老頭睡醒發現這件事，就召喚強風將這些年輕人吹散到國內各個角落。

這族鄉的人帶我去看現今仍存在的故事片段遺跡，包含年輕小伙子（已經變成石頭）、老人的鬍鬚（也已變成石頭）以及水泉，可惜其餘部分都已遭到破壞，例如夜鷹老頭視為神聖的樹木已遭剷平，蓋成飛機跑道。

鱷魚則被拋到天上，至今仍留在那裡。若鱷魚傾斜成某種角度，就是故事中強風吹起的信號，每年也確實會按時起風。

在流動與不可預測的世界裡，星星的旅行也永遠傳誦著與大地有關的故事，這是何等美妙！然而，在大地加速死亡的時代，星星的故事也可能受到牽連。即使是布萊德・萊特豪瑟（Brad Leithauser）的詩〈黃道十二宮：送別〉（Zodiac: Farewell），也難以令我們感到寬慰，詩的後半段如下：

滿載黃道十二宮的大方舟
在無垠的海面上漂泊，
可慰的是，方舟上的貨物
不會受到你我的掠奪，
人的計謀雖強如風暴，
終究無力吹抵……
眾星辰莫大的安慰
在於他們遠在天邊，
熠熠生輝、也孤傲無援，
在星光熠熠的天空擁有避難之所。[3]

萊特豪瑟與古希臘人相似，在距離的層面上尋找安慰，但原住民卻描述了天地之間多次往返的故事。老提姆．以寧加雅瑞分享的天地相連故事，對我來說尤其珍貴，因為他是當地唯一去過天上的人。他說天空民族的人放下繩子，將他往上拉到他們的族鄉，並賜他神力。他回頭望向大地時，看到野地族人的營火就像星星一樣閃爍。故事說完後，他讓我們想像：若從大地往天上看，星星彷彿就是天空民族的營火一般。這位老人過世之後，或許距離會有所改變，因為活著時候的聯繫已經消失了。但可以確信的是，只要不停止傳講故事、傳唱歌謠，或同樣地，只要鱷魚座不停止閃爍、起風的共時性不改變，或只要星星持續敲出穩定的節奏，親密感就不會消失。

離開北半球時，我意識到一件事，星星民族的人與地上的族人連結時，才能活出最豐富的生命。幸運的是，狗就如同獵戶座一般隨處可見。閱讀赫恩在她細膩的文章〈靜聽包蒙的聲音〉（Oyez a Beaumont）中出色的獵犬包蒙被野豬刺傷而瀕死的那段敘述，使我想起懷特（T. H. White）的《石中劍》。獵人抱著憐憫的心情了結牠的生命，「使包蒙離開這世界，與獵戶座在群星之中自由奔跑、盡情翻滾。」[4]

但狗在澳洲是屬於澳洲野犬，跟隨的不是獵戶座，而是七姊妹。女人與狗的組合著實令人驚訝！對於狗成為夥伴並給予我們保護，我忍不住感到開心：牠們會趕走糾纏我們的男人，對於可能傷害我們的人，狗兒也會張口咬他們的手臂與大腿。古老的故事也曾說過：因為阿克泰恩偷窺阿提蜜絲洗澡，所以阿提蜜絲把阿克泰恩變成一隻牡鹿，好讓自己的狗將他撕成碎片。澳洲有些故事也告訴我們，天空之國有名狡猾的獵人讓自己的陰莖穿過地底下到七姊妹那兒，某種程度可說是從下面偷襲她們。但七姐妹並未坐在地上，反而派她們的狗同伴撲上去兇狠攻擊這位不速之客，[5] 套句馬克．吐溫的話來說，就是：「以下畫面，兒童不宜。」[6]

無論七姊妹走到那裡，澳洲野犬的傳說也如影隨形。老提姆的族人從昴星團得知澳洲野犬幼犬誕生的消息，星團又一次移動時再告訴他們幼犬的眼睛已經睜開。此時這群老人，即那些現在早已過世的澳洲原住民祖先，會突擊澳洲野犬的窩，在那兒找到他們所需的食物和同伴。

然而，今日的澳洲野犬卻不斷受到畜牧業者的攻擊，他們相信使用「1080 農藥」（氟乙酸鈉）可以降低澳洲野犬的族群數量，保護脆弱的牛犢。他們完全忽略科學佐證和原住民對於農藥使用的看法，仍對澳洲野犬進行如火如荼的戰爭，而且看來畜牧業者的勝算頗大。許多畜牧業者對他們視為敵人的澳洲野犬發起攻勢，嗜血的渴望驅使他們消滅澳洲野犬，造成澳洲野犬死亡或奔逃，這點與古代的亞述人相似。如同提格拉比列色（Tiglath-Pileser）* 將戰敗的人頭「如堆稻穀一般」[7] 層層堆疊，有些畜牧業者也會展示在作戰中取得的戰利品，將澳

* 譯註：亞述王。

洲野犬的屍體吊在樹上、圍籬上或路標上。

若畜牧業者真的贏了這場戰爭，澳洲野犬所有的窩和家族都因此四散，甚至連倖存的也會遭到追捕或心碎而死，那麼僅存的就只剩下被囚禁的澳洲野犬了。如同狼和家犬以及許多人類一樣，牠們會大聲嗥叫，雖然嗥叫中有悲傷與渴望，但最主要的目的仍是為了找尋同類，尋求與牠們的接觸。[8] 嗥叫是個含意非常複雜的字彙，牠們向同胞歌唱，使合唱的聲音撼天震地，讓彼此知道自己是誰，身處何方。[9]

我常聽說可以在灌木叢中看到澳洲野犬，也曾有一次近距離接觸一隻嗥叫的澳洲野犬。那時我為了一睹會唱歌的澳洲野犬「丁奇」的風采，來到愛麗斯泉南方的史都華泉公路旅館。旅館老闆吉姆．卡特爾告訴我，「丁奇」的家人以前住的地方遭人放置「1080 農藥」，使哺育牠的母親遭到殺害。有幾個牧場工人在沙丘底下的洞穴中發現牠的幼崽，那一窩共有六隻幼犬。工人在外面放置陷阱，而幼犬等了三天之後才放棄等母犬回來，並從洞裡走出來。我不明白為什麼牧場工人要把幼犬帶回牧場，畢竟使用「1080 農藥」的目的就是為了殺死他們，但總之牧場主人知道卡特爾的酒吧有養動物，所以打電話問他們是否想養澳洲野犬。吉姆說幼犬來到酒吧時才六到八週大，而牠其餘的兄弟姊妹都被殺了。

吉姆的女兒會彈鋼琴，因此「丁奇」會在他們練習時一搭一唱，最近則會跳上鋼琴，一邊來回走動一邊合唱。卡特爾說：「只要有人彈琴，『丁奇』就會變得吵鬧，開始嗥叫，我們會說牠在唱歌。如果鋼琴旁邊有椅子，牠就會走上鋼琴，在琴鍵上來回走動，我們會說牠在彈琴。牠會站在那裡開始唱歌。」[10]我當時為了可以隨時欣賞而錄下牠的歌聲，如今聽來卻覺得不忍。不忍是因為我漸次瞭解了歌謠的內容，我不斷重複聽這首歌，並跟著一起唱。這首歌從巴比倫人取得勝利以來，就一直流傳不斷發出吶喊，曲中一再傾訴那些流離失所的人流亡與離散的痛苦。這類歌曲的淒美之處就在於那種難以置信的感覺：明明在災難之中卻迸發一種美，明明落入絕望的谷底卻看似有奇蹟發生。另一方面，挑戰與心碎也是一種美，這時很自然地要提到有一群藉由毀滅來改變世界的人竟然企圖殲滅另一群人，簡直殘酷至極。

全球黯化、移動性塵暴、棲地破碎化、冰溶現象以及遭人掠奪的生命，都屬於殘酷的滅絕事件。動物一再承受這種失去的痛苦，我們若能聽見牠們傷心欲絕的翻騰，必然會明白且對這痛苦感同身受，並曉得我們此後餘生必會一再聽到不同的聲音，合唱著許多不同的歌謠：

因爲惡者將我們擄走，因禁我們
要我們唱歌

但身處異國的我們，怎能唱出上主的歌呢？[11]

我曾聽過澳洲野犬的歌聲迴盪在懸崖、峽谷邊，以及平原和沙漠中，但我還不曉的是，也許有一天，不管夜晚星光多麼燦爛，不管空氣多麼芬芳，我們都再也聽不到那樣的歌聲。牠們將不再對著天空國度的姊妹歌唱，不再對著天上與地上的獵人歌唱，也不再為了向牠們的同胞展現愛意而歌唱，或為了讚揚牠們在這世界上獨特的生命面貌而歌唱。

但這時還有另一種寂靜無聲的在地上展開，另一種毀滅向我們直撲而來，古老美國黑人靈歌美麗的歌聲則不斷、不斷地迴盪著：

我的主
我的主
清晨的來臨
是否暗指星辰的殞落？

第六章　將他者唱出來

生態和解：與他者共存共榮，將萬物欣欣向榮的關係唱出來。

梭爾提出的問題是：我們是否會因為愛他者而拯救他們？這是個可怕又迫切的問題。我們人類誕生於大地，與動植物和其他許多活物一同演化，大地是我們共同的家。每一個生命都證明我們是脆弱的生物，必須仰賴有復原能力卻不斷變動的地球系統而活。無論從表面或深層的角度、從理論或經驗、從行動或數據來思考這些議題，都無法改變我們確實脫離不了生與死的網絡，也從當中獲得養分的事實。

生態學家保羅·雪帕德認為，若少了地球上其他同伴，尤其是動物的話，我們絕對無法稱為人類。他寫道「我們這物種……的出現，是為了守候其他重要的存在，透過吃與被吃進入牠們的世界，容忍牠們的寄生，以牠們的皮和毛為衣，以牠們的角和骨為工具，並藉由跳舞、雕刻、表演、影像、敘事和思考來表現牠們的意義。」[1] 雪帕德對於人類與其他生靈之間親緣關係的認識，來自於演化的證據：DNA 以及生命出現後四十億年來的歷史。生命演化出越來越多不同種的形式，卻又能維持其古老的樣貌。演化的親緣關係「莫比烏斯帶方式的存在」：我們同時處於兩種存在的狀態，一方面有別於他者，一方面又是他們的近親。[2]

從 DNA 的角度來思考我們自己與他者的關係，能幫助我們想像出與樹枝形狀相似的關聯性。在樹枝圖中，在時間上與 DNA 上與我們最靠近的屬於近親，在 DNA 上離我們較遠的細菌等物種的位置，則離我們哺乳動物複雜生命型態的距離較遠。另一種則是透過互利共生的方式，來思考人與他者的關係。互利共生強調我們與他者在大地上共同演化的事實，並提醒我們細菌雖然在某種意義上是我們的始祖，卻同時且在此刻活在我們的腸子內部，[3]我們都參與在這段供需的關係裡面。與樹枝圖表現出的連結相較之下，互利共生的過程更能幫助我們想像出其中糾結的連結性，如同小徑與腳印般交錯，也如同生與死的波動起伏。

雪帕德的文章隱含道德規範，希望我們能瞭解並尊重我們自己與其他動物之間的親緣關係。他挑戰我們去「發現如何珍惜這世界本身展現生命的方式」[4]。從生態學家的觀點來看，所有的生物都需靠交換的網絡來維繫生命。李奧帕德（Aldo Leopold）在他死後出版於一九四九年的〈土地倫理〉一文中精彩地呈現了上述觀點，他意識到道德的根本問題，在於是否有分辨對與錯的能力，因此寫道：「任何有助於保存生物共同體完整、穩定與美才是對的，否則就是錯誤的。」[5]這段文字為我們人類及其物種在這世界裡的位置下了定義：能幫助整個生命系統的才是好的；我們是系統的一分子，所以我們與系統中的其他分子互相依賴。

琳・馬古利斯與多雷昂・薩根合著的《生命是什麼？》是一本好讀的書，研究的是地球上生命的生物學，每一章提出關於生命的定義，都掌握並延伸了前一章所定義的內容。馬古利斯與薩根聲稱生命的宗旨在於「在普遍不利與失去秩序的環境中保存有生命氣息的物質。」[6]書中出現的關鍵字「自我再生」（autopoiesis），是生態學家馬圖拉納（Humberto Maturana）與瓦雷拉（Francisco Varela）所創，「自我再生」仰賴的是自我組織與自我修復的過程。[7]從單細胞到整個生物圈的有機生物，都積極尋求能活下去的機會，「自我再生」意指「生命不斷產出生命的過程。」[8]唐娜・哈洛威曾針對「自我再生」理論提出相當重要的批判，判斷科學方面的問題雖非我能力所及，但我認為我們雖然不同，卻相互連結，並相信生命因其自主性與連結性結合，而能夠跳出活潑的舞步。自我再生的精髓，則在於透過不斷變化來保持不變：我們必須在流動的世界中不斷改變，才能（大致）保持不變。[9]生命對於生命的渴望，只有透過改變和流動才能滿足。馬古利斯與薩根主張，「心智與身體、感知與生存，相當於最古老的細菌身上出現的『自我參照』與『自我指涉』，而心智和身體都因『自我再生』而存在。」[10]

對於在我們與其他許多生靈的生命中，死亡扮演十分重要的角色，唯一的例外是，有些細菌靠著細胞分裂不斷複製可以永遠存活。個體反而經歷細胞老化而死的「計畫性死亡」過程，也隨著「再生產」的過程來到這個世界。[11]渴望（*Eros*，「愛慾」之意）與死亡（*Thanatos*，「死亡本能」）顯然也編入DNA的基因碼當中。生物體雖然死了，卻不是藉由複製，而是藉由生產製造出新的生物體。[12]因此，生命就是本身的一種延續，延續到下一個世代，延續到新的物種。[13]從生態學的角度來看，死亡代表一種歸還。死亡將身體還給細菌，而細菌將身體還給這生命世界。[14]

互相依賴是我們的祝福與力量，但當我們越來越明白的時候，就知道環境的崩潰反而使我們因互相依賴而落入極大的危難之中。我們全人類接下來要進入的時代，比過去任何一個年代的距離都要疏遠。我們正在學習如何探討「氣候變遷」等巨大的變化，如何面對驚人的滅絕速率使生物大舉消失的現象，甚至連長久以來似乎極其穩定的地球系統，也突然變得動盪不定。我們仍然可以探討抽象的問題，但也必須明白這些其實是直接又迫切的議題。人類這物種在短短數百年間就已破壞大地上生死之間的平衡，使死亡無限擴大，使生命向災難傾斜，但基於道德的緣故，我們又不得不仔細研究這難以想像又難以解決的燙手山芋。比存在於這世界生命型態消失更嚴重的問題，是新生命型態的消失。換句話說，在我們今天這時代消失的物種將從此消失，不復存在。[15]我們在幾大類物種身上都看到演化的死亡。我們並不知道，或許也沒有能力知道應該如何思考規模如此巨大的災難。西方哲學所知有限，因為大災難關係到許多動植物和生命的存亡，但他們都是長久以來落在道德考量之外的對象。

澳洲的原住民常提到，為要激勵生命、幫助生命、關懷生命、與生命連結，我們應當「將族鄉唱出來」。唱出來是為了建立與維繫關係，傳揚人人都同在生命網裡的事實。這是雙向的過程，將他者唱出來，就是唱出他們自己、他們的愛和知識，以及他們與族鄉融合的方式。唱出來的大多是具體的內容，有人唱出自己的族鄉、他們與動植物的關係，唱出他們的水和雨，以及他們的故事。唱出來啟動了族鄉的生命，顯露他們參與塑造世界的能力。但原住民唱出來的並不是全世界，而是他們族鄉的生活，他們因族鄉的生活而存在，也需為族鄉生活負責。唱出來表達的，是以知識、認可、關懷和愛為基礎的強大連結性。

澳洲哲學家馬秀絲利用「唱出來」一詞，來表達西方人需要某些地方，才能開展人與其他生靈之間，以及人與各種繁茂的生態系統之間相互交會、彼此承認的戲碼。唱出來能夠鼓勵彼此之間的邂逅，促進活潑的關係。一個人將族鄉或他者唱出來的時候，也會將他的自我融入充滿生命的世界裡，並將這世界融入背後更複雜的世界中。因此，唱出來意謂著在倫理上以喜樂與生物世界緊密結合，並以關懷為出發點，與他者互相對視。[16]

與「唱出來」相反的，是造成虛無勢力範圍愈加擴大的死亡。無論滅絕的發生是計畫中或意料外，必然都是拒絕承認連結性、易變性以及生氣蓬勃的存在關係的結果。澳洲野犬未來命運的爭議，提供了一個能幫助我們思考「唱出來」與「掃出去」之間差異的極端例子。

澳洲野犬是澳洲相當新的物種，大約五千年前左右才從東南亞遷移過來。牠們迅速適應了澳洲大陸的環境，從熱帶雨林到莽原大量擴張，甚至是沙漠及嚴寒的高山帶等各大生態區域。澳洲原住民對於牠們的生活史瞭若指掌，知道幼崽何時出生、何時睜開眼睛，然後在那時出去突擊幾個巢穴，吃掉幾隻幼崽，再帶幾隻回到營區作為寵物。他們將澳洲野犬有些變成食物，有些變成寵物，卻將大多數留在灌木叢中的窩裡。這就是澳洲野犬與原住民數千年來彼此之間所維持的生活方式。[17]

澳洲野犬提供澳洲原住民前所未有的同伴關係，牠們是第一個有所回應、會應聲而來、幫忙打獵、與人一起睡覺，甚至還能理解人類語言中某些字彙的動物。亞當·歐尼爾（Adam O'Neill）是對於澳洲野犬十分尊敬的重要人士，他寫道：「這種狗與其他動物不同，牠們擁有一種所有人都可以理解的語言。我們與狗之間，都能從狗語中的聲調、表情與樣子相互理解。」[18] 人為澳洲野犬命名，將牠們納入親屬制度中，對待牠們如同對待死去的族人一般。澳洲野犬已歸入和大能的傳命並駕齊驅的聖域中，今日更明顯出現在儀式、歌之徑和故事當中。

在我想像原住民與澳洲野犬交會的畫面中，我看到澳洲野犬為同伴關係主動踏出第一步。澳洲野犬比人更瞭解如何進行彼此之間的互動，同伴關係的嫩芽也迅速滋長。這正是人類數千年來所做的事，考古學證據與文獻資料都顯示：他們與互動方式獨特的同伴之間，形成的是一種親密、互相關心；休戚與共的愛的羈絆。

澳洲野犬有許多生態的功課要做，牠們知道此刻所居住的是地球上最乾燥的大陸，因此必須學習（如果牠們以前不知道的話）與牠們的食物維持平衡的關係，這是所有優秀的掠食者都必須學習的功課，在澳洲生活時更是特別吃力的功課。澳洲氣候特有的週期起伏與澳洲大陸普遍相當低的生產力，意謂著能夠成功存活的，必然都是能控制族群數量的物種。母澳洲野犬一年只生一胎，若無增加族群數量的理由（例如因應族群數量突降的危機），即使一個澳洲野犬家族裡有多隻母犬，仍然只會養育一窩幼崽。未成年的澳洲野犬在大家族中認識領域範圍與獵物的行為，學習如何透過合作狩獵來打倒袋鼠等大型動物，以及如何融入家族制度中。澳洲野犬保育協會秘書瑪姬·歐克曼（Marj Oakman）曾說：「澳洲野犬的成長需要公犬與母犬共同努力。」

人與澳洲野犬之間關係的複雜，與雙方都有關係。澳洲野犬雖然「具有野性」，仍能變成家裡的寵物，雖然研究澳洲野犬的專家也警告說，澳洲野犬的幼崽與一般寵物犬幾乎毫無分別。就人的部分而言，澳洲原住民有他們自己愛澳洲野犬的方式，歐裔澳洲人亦是如此。保育生物學家越來越瞭解澳洲野犬如何在維持當地生物多樣性的方面扮演關鍵的角色，因此不僅為了澳洲野犬本身，也為其所帶來的生態益處的理由，而積極投入保護澳洲野犬的工作。

與此同時，有些歐裔澳洲人仍然厭惡澳洲野犬，並認為他們有害。有些澳洲原住民對於澳洲野犬愛恨交織，有人養牠們當寵物，有人則靠殺牠們維生。澳洲野犬是許多人的偶像動物，以澳洲人更廣泛的審美與卓異性眼光來看，澳洲野犬代表了澳洲的美麗與卓異。

貝利．羅帕士（Barry Lopez）文思敏捷的小說《人狼情仇史》（*Of Wolves and Men*），展現了歐洲人長久以來對狼的恨之入骨，[19]而曾專攻這領域的人，必然十分熟悉歐裔澳洲人對於澳洲野犬的主流態度。如同美國人面對狼一樣，來澳洲拓荒的人也急於剷除澳洲野犬，他們認為澳洲野犬會危害牛羊，所以無法容忍牠們的存在。畜牧業者說有些惡犬會在一夜之間把羊殺個非死即殘，有的會集結起來威嚇鄉下散步的人，有人批評牠們殘忍，或將矛頭指向國家公園的人員和政策過於鬆散。雖然有些說法實在過於誇張，但大多數的人所表達的，其實是對於牛羊和生計的擔憂。[20]明明只是想要保護自己的生計，沒想到結果卻導致許多（並非所有）畜牧業者一心想要永久拔除澳洲野犬這個眼中釘。

老提姆及其他澳洲野犬的族人，都堅決反對執行澳洲野犬的剷除或「防制」計畫，因為提姆是當地唯一瞭解狗語的人，所以成為牠們的代言人。我問老提姆澳洲野犬跟他說什麼，他告訴我的其中一段話是：「『我們不會隨意傷人。』牠們這麼說，『他們為什麼要這樣傷害我們？』」老提姆清楚表達出他的看法：「我不會跟對狗算計的人打交道，他們太齷齪了，一直不停地打狗，真的很不好。狗是我們每一個人的祖先耶，打牠們、殺牠們真的很不好！狗才是老大，別惹牠們，也別再殺牠們了。」老提姆在故事中，也提到澳洲野犬的始祖因為意識到互惠觀念的消失與現況而發出的感嘆：「我創造出男人，也創造出女人，但你們今天卻離棄我，將我丟到垃圾堆裡。」[21]

殺戮是無情的。澳洲在一九四七年以前豎立起防澳洲野犬的圍籬，並由畜牧業者維護，他們將某些區域的澳洲野犬趕盡殺絕，然後阻止其他澳洲野犬進入。一九四九年以後，澳洲政府決定替這道圍籬尋找合適的藉口，並納入管理制度，這道圍籬現在已有五千四百公里長。[22]詹姆士·伍德福德（James Woodford）走了一趟圍籬，並說「這是一道生態界的柏林圍牆，簡直可與中國長城匹敵。」[23]

圍籬本身無法剷除動物，只是用來控制牠們的活動。在新南威爾斯西部某條國道穿過圍籬的地方有一道門，經過的人車必須停下來將門打開之後才能通過，而且你絕對會看到一個牌子，上面明確寫道「若不隨手關門將受罰」，管理單位寫著「澳洲野犬掃蕩管理處」。

圍籬不僅對於澳洲野犬造成傷害，也危害到其他動物。根據伍德福德的報導，圍籬附近曾發生多起動物因為無法通過而死亡的事件，二〇〇一年一月發生的應該是最嚴重的情況，當時的高溫迫使動物必須進行大範圍移動來尋找水源。他寫道：「我從沒想過竟然真的會看

其中一段澳洲野犬圍籬，位於新南威爾斯／昆士蘭省界的瓦瑞門（Warri Gate）。

到一千隻〔駱駝〕屍體，還有許多袋鼠和鴯鶓的殘骸。」[24]他繼續說道：「這次唯一從動物集體死亡撈到好處的，只有那位克羅埃西亞專門打澳洲野犬的老獵人泰德·格拉博法茲（Ted Grabovack）。他割下數百個駱駝的駝峰，摻入番木鱉鹼之後，掛在圍籬上毒害澳洲野犬。」這名澳洲野犬獵人喜歡「炫耀他設陷阱殺害多少隻澳洲野犬，」也會將他們的屍體用繩子串起來，吊在圍籬的鐵絲網上展示。[25]這些傳統至今未消失，而且不僅澳洲野犬獵人，連畜牧業者和其他鄉下工人也會這麼做，他們會將澳洲野犬的屍體掛在門上、樹上、路標上，或丟到圍籬的另一邊。

除了圍籬之外，澳洲野犬也面臨了陷阱、毒藥和子彈的威脅。陷阱因為有殘酷虐待的疑慮，所以較具爭議性，而且在某些地方屬違法行為，下毒與槍殺是今日較普遍使用的方式。番木鱉鹼會殘留於屍體內，使吃腐肉的動物中毒死亡。「1080 農藥」也會造成類似的影響，雖然他們聲稱「1080 農藥」比番木鱉鹼更安全，但事實證明並非如此。[26]「1080 農藥」不僅用來毒害澳洲野犬，有些地方的農人和林業人員也會用來保護作物或樹木免受負鼠、袋鼬、沙袋鼠的侵擾。[27]過去有（有些地方至今仍有）提供殺死澳洲野犬的賞金，獵殺的人會剝下澳洲野犬的頭皮，並以頭皮換取賞金。這行曾有數年時間成為許多人，包含原住民及來到澳洲墾荒的人的生計來源，根據伍德福德，估計一九二〇年至一九三四年間，南澳大利亞已經以獎金換取五十萬張澳洲野犬頭皮。長遠來看，剝頭皮早已證明是無效的手段。無論是頭皮獵人或澳洲野犬獵人，都對於剷除他們的生計來源「澳洲野犬」興趣缺缺，反而可以預料到他們應該不會希望完全將之剷除。一名專家說道：「頭皮賞金不但無法防治掠食者，反而還會浪費大把金錢。」[28]除了毒殺與槍殺的影響之外，近期研究也指出，土地的開墾也是迫使澳洲野犬轉而襲擊牛羊的原因，因為他們的棲地領域遭到分割破壞，獵物也隨之消失。

瞭解在澳洲生態系統中澳洲野犬參與所扮演的角色仍是十分新的研究，並受到梭爾及其他保育生物學家的激勵，他們以進行多年高級掠食者在維持生態系統方面扮演的角色分析，包括優勝美地的狼群、澳洲的澳洲野犬等。目前已有足夠的證據顯示，澳洲野犬族群的完整，有助於長期維持穩定的物種平衡。健全的澳洲野犬族群與本土物種生長茁壯的生物多樣性之間，亦存在著緊密相關性。

澳洲的例子富有啟發性，澳洲的哺乳類動物滅絕的速率是全球最高，近期研究發現殺害澳洲野犬是主要原因。[29]生態系統掠食者的工作是什麼？除了棲地消失之外，狐狸與貓的引進是造成滅絕的主要原因，因為這兩種動物都會突然發狂，並靠著從未承受強烈狩獵壓力的小型有袋動物成長健壯。貓與狐狸的成長速率與資源量不符比例，不像澳洲野犬會控制族群數量。若沒有從歐洲引進兔子的話，貓與狐狸將使得更多本土物種走上滅絕的道路，但兔子問

昆士蘭內陸灌木叢中的澳洲野犬（照片提供：John Murray）

題也同樣是導致貓與狐狸的數量居高不下的原因。

澳洲野犬在貓與狐狸的防治方面扮演了關鍵角色。掠食者之間的競爭正在發揮效用，澳洲野犬並不容許太多其他掠食者進入他們的領域範圍。同時，與外來的掠食者相較之下，澳洲野犬對於本土物種的衝擊並不大，至少他們能維持家族與領土範圍內各類族群的興旺，因此澳洲野犬健全存在的地方，生物多樣性較高，但在澳洲野犬遭到剷除或防治的地區，狐狸與貓的數量就會快速增加。致力於維護本土物種生物多樣性的保育學家，也開始論證維持澳洲野犬家族健全的必要性。[30]亞當·歐尼爾運用畢生研究澳洲野犬與其他掠食者（尤其是貓與狐狸）的經驗，提出極有說服力的聲明：「我相信澳洲野犬是我們與生態和解的唯一機會。」[31]

艾莉恩·華勒克（Arian Wallach）與亞當·歐尼爾最近完成的一份研究報告，提出一個有力的結論：澳洲野犬的消失意謂著物種多樣性的消失。澳洲野犬能增加小型哺乳動物的數量與多樣性，並透過生態遞延效應增加植被範圍。或許最重要的是，「受威脅物種能在澳洲野犬保護的大傘之下，於野外安全存活下來。」[32]

持續殺害澳洲野犬或破壞牠們的棲息地，將會導致反效果。歐尼爾分析說，因為澳洲野犬是高度社會化動物，所以成員遭到殺害會導致穩定的家族結構瓦解，破壞當地文化。他解釋道：「牠們的社會組織與土地領域的連結性都會消失。」[33] 尚未社會化的幼犬進入澳洲野犬絕跡的區域，並對於人類可能帶來的危險一無所知。[34] 照片中這隻是在昆士蘭內陸遇到人的澳洲野犬，看著如此年幼又天真的牠，幾乎使我心碎。牠的臉上毫無懼色，只能慶幸牠遇見的人類帶的不是槍而是相機。

澳洲野犬在被人類剷除的壓力之下大量繁殖，如果又未習得集體狩獵的技巧，就會轉而找較無防備的牛羊下手。以歐尼爾的話來說，人類的毒殺使澳洲野犬「長期處在社會秩序動盪的狀態。」[35] 在飢餓、失能、失控的情況下，牠們才會將目標轉向家畜。[36]

凝視野生動物的雙眼，就是凝視神祕。也許凝視令人生畏的原因，是因為我們幾乎不知道動物如何看我們。我們望向鴻溝的另一端，看到牠們的雙眼與我們何等的相似，也看到智慧之光如何在眼中閃耀，雖然大多時候我們無法理解，但那卻是那麼的美。

澳洲野犬或許是個例外。住在坎培拉的科學家大衛．詹金斯（David Jenkins）研究灌木叢中的澳洲野犬有數年之久。最近有人問他在澳洲野犬旁邊或附近時是否會感到害怕，他回答說，大多數的動物展現的都是好奇心，而不是攻擊性。「我從來沒有感受到那種危險。但當這種動物看著你時，牠們是非常認真地看著你，牠們那與生俱來的小腦袋瓜絕對是轉個不停，跟一隻拉布拉多獵犬看著你的時候很不一樣。」[37] 或許澳洲野犬能分辨對方是不是掠食者，牠們看著人類時，會想要知道我們下一步的動作。牠們將我們視為兄弟姊妹，或許牠們比我們更瞭解自己。

與澳洲野犬之間的戰爭，引領我們走近籠罩著滅絕的死亡陰影中，澳洲野犬之死「生態防治計畫」的大轟下泛起一陣漣漪，逐漸向外擴張，使我們不禁問道：生態和解難道只是瘋狂又不著邊際的夢想嗎？我們是否必須與所有動物為敵，或認為牠們有害？與我們同享生命美好的他者，是否必須以某種方式直接受惠於我們，才有機會成為我們的同伴？

這些問題都很好，還有更多的問題指向了巴比，除了涉及人類將動物排除於道德倫理的考量之外，也與我們越來越意識到自己其實與地球生物同源有關，羅培士描述狼的文采也能用在澳洲野犬和其他掠食者身上。漸漸地，也能用來描述在人類帶來的各種壓力之下，一一從地球上消失的許多動植物。「我認為到了最後，我們只能回去看看自己在無須殺戮的時候所杜撰的故事，並設法再次看看動物的臉。」[38]。

第七章　約伯的哀痛

動物被獵人發出一閃一閃的火光所捕獲，在死神射殺牠之前的那一刻，因驚嚇過度動彈不得。在那燈火通明，人人卻步的恐怖之地，隱約有一種可怕的寂靜——突然之間一股孤獨的氛圍充塞其中。有那麼一瞬間，我們在刺眼的燈光中彷彿看到死神如何飛快又冷酷地在一陣火光中侵入這個世界，如何使生命因孤立和噤口在死亡之前飽受磨難，並建構出一個空間，使生靈懸在喜樂的生命世界與不斷墜入深淵的墮落之間。

聖經中的〈約伯記〉透過詩文，生動地描述了這種生死之間的空間。[1] 澳洲的聖經學者哈伯（Norman Harbel）比其他任何思想家，更積極催促我們探討：上帝如何使約伯成為特別的人物。[2] 約伯在上帝的鑑察之下無所遁形，上帝既不讓他死，又讓他生不如死。上帝數次孤立約伯，並降災於他。撒但與上帝打賭——上帝若不眷顧約伯，約伯就不再愛祂——因此上帝無所不用其極地折磨約伯。上帝向約伯隱藏自己，謝絕對話，更拒絕提供他任何安慰。企圖打破上帝的緘默，迫使上帝回應他的這位約伯是我們的親人，也是一起赴死的隊友，他的故事將我們推入幾乎無路可逃的痛苦之地。

但我必須暫時將約伯留在他人生一敗塗地的鎂光燈下，待我們探究某個能引起共鳴的澳洲原住民故事之後，再重新回來討論他的故事。

我也曾在雅拉林聽過彼此打賭和故意致人於死的故事，這些都與月亮和澳洲野犬有關。在老提姆、達利．普卡拉和其他澳洲野犬族的執法者與我分享生死空間的故事中有一則是，月亮希望能賜與澳洲野犬永遠的生命。然而，因為有些故事內容並未交代清楚，所以未能百分之百完整呈現故事發生的經過。但總的來說，月亮能夠死而復生，每一個月他都會消失又出現，這種永遠不死的能力使他聲名大噪。但天上就只有這麼一個月亮，永生不死的他沒有朋友、沒有同類，感到十分孤寂，所以想賜給澳洲野犬永遠的生命，但其中暗藏的陷阱，就是要牠時常巴結月亮。澳洲野犬拒絕之後，月亮開始辱罵牠、挑釁牠一定不可能像月亮一樣死而復生。

月亮說：「你要像我一樣，死了之後，四天之內復活。」澳洲野犬自認無法做到，但月亮不斷挑釁，使牠決定孤注一擲。根據達利的說法，澳洲野犬知道自己不會成功，因此牠最後的遺言是：「四天之後你也不會看到我出現，我離開之後就再也不會回來了。」且果真就此一去不回。

澳洲野犬與月亮不同，牠並不孤單，身旁還有同伴對牠喊叫：「你這不幸的傢伙，那有什麼好處呢？回來吧，快回來吧……」牠們一聲聲的呼喊，但牠確實已經不在了。人與澳洲野犬關係密切，因此當澳洲野犬死的時候，人也隨之死去。再套句達利的話來說，「我們跟在那隻狗的後頭，一直以來都是如此。」有時候他會多說一句：「看來我們在那裡犯了一點小小的錯誤。」

澳洲野犬傳命被迫與月亮比賽，牠覺得自己會輸了比賽，並被逼牠就範的月亮遺棄。達利和別人都強烈譴責月亮，「月亮為什麼沒有回去幫牠？」達利如此問道，很明顯地他認為月亮應該同情澳洲野犬，並幫助牠回來。「月亮應該說：『啊！這真的太糟了！死這麼久不好啦，你應該回來的。』」

月亮的確贏了，而且大獲全勝，但他也就此失去與他者的連結。他一而再、再而三地消失又出現，孑然一身，永生不死，但也從未與他者分享生命。月亮的獲勝等同於孤獨，因為他與這世界一切偶然和美好的生靈全然無關，也與他們的渴望、歌謠和死亡無關。

澳洲野犬傳命的想法又是如何呢？我不曉得當澳洲野犬在死亡的定局中掙扎時，心中有何想法。也許牠會聽到月亮得逞的狂妄笑聲，也許會在永遠消失的那一刻發出哀戚的長嗥，但牠同時也聽到同伴一齊發出「回來吧，快回來吧……」，那一聲聲令人難以忘懷的呼喚。牠們高聲唱出哀歌，歌聲響過行雲，與牠的聲音相互呼應，直到牠們的同伴死去。那動人心弦的哀歌為死亡的時刻帶來一股凝聚的力量，牠們在慶祝勝利卻冷漠孤獨非常的月亮面前，不斷唱歌。

約伯遭上帝背叛、遺棄與孤立的情況雖與上述故事不盡相同，但也相去不遠。他雖然向上帝呼求，卻許久不見回應。「我呼求你，你不應允我；我等候你，你也不理睬。」[*3] 我認為約伯與澳洲野犬經歷的相似，反而突顯出約伯的孤獨。上帝與撒但的打賭使約伯遭遇第一次遺棄，祂以約伯作為實驗，毀壞他的田地和牲畜，並殺死他所有的孩子；孤立則是第二次遺棄，有誰在他哀傷時聲聲呼喚？有誰給他安慰？又有誰在身旁陪他？他妻子勸他不如去死，三位自以為義的朋友對他毫無同情或憐憫。他朋友是真正的信徒，他們認為約伯受苦自有其道理，希望藉此證明他們相信的是永恆真實的上帝。為此他們反覆告訴約伯，他受苦是應該的。經常被稱為史上首位偉大的存在主義者的約伯，拒絕接受他們的論述。[4] 他妻子要他咒罵上帝並且去死；但他既未去死，也沒有咒罵上帝。甚至當他呼求上帝向他說話時，仍然一直受到這群無賴的拷問。

---

*譯註：《塔納赫》，基督教稱之為《希伯來聖經》，以希伯來文或亞蘭文寫成，十九世紀時才出現英文譯本。本書中文經文皆直譯自本書引用的猶太教研《塔納赫》讀本。

你們一再羞辱我；
你們苦待我也不以爲恥
……
我的密友都憎惡我；
我平日所愛的人向我翻臉。[5]

讓我們聽聽約伯希望連結的呼求：他祈求上帝不要孤立他，不讓這世界離棄他使他不幸。從故事中可以看到，他的求告最後陷入了虛無，聚光燈打在他身上，他感到全然的孤寂。

澤巴爾德（W. G. Sebald）是廿世紀描寫毀滅與死亡空間最偉大的散文作家之一，他透過文筆細膩的作品《墓地：散文集》（*Campo Santo*），帶領讀者進入震撼人心的省思：我們這時代的生活方式造成死亡的孤獨，使這個世代的「每個人都是多餘的，瞬間就能被取代。」[6]他字裡行間緩緩鋪陳及貌似開門見山的力量實則盤根錯節所表現的力量，在在令我折服。澤巴爾德說，這是另一種形式的孤獨，不是痛苦，而是一種嚴重的遺忘：「此刻在地球上各樣活物的數量已經是過去短短三十年來的兩倍，過了一個世代之後還會再增加兩倍……死者的重要性已經明顯大不如前。」最後他建議道：「我們應該選擇放棄生命，至少暫時不要強求苟活。」[7]

當我反思「被遺棄」以及「感覺多餘」這兩種孤獨時，思緒也不禁飄到原住民他們面對死亡的方式。如我先前所提，每當有人過世時，老提姆為了將靈魂喚回，都會跟在靈魂的後面，有時帶著靈魂回來；有時則告訴所有痛哭流涕的親友那人離世的時間已到。

每次的死亡與每一場喪禮中的肝腸寸斷，都引領別人一齊身歷死亡與臨終的境地，使每個人不至在死亡所撕裂的空間中被孤立或無法發聲。喪禮透過所有的憤怒、協商和衝突，並透過歌謠與聲淚俱下的呼喚中關於失去與愛的禱詞，碰觸到獨立存在的每一位死者；碰觸到他們的族鄉和四處遊蕩的靈魂；碰觸到守護的傳命者；碰觸到死者的家人與監護人，以及月亮與澳洲野犬等故事。這些悲慟深入了死亡之地，若生命終結之時，所有的悲慟都會尋求生者的回應，希望聽到生者同情的哭號，保證無論是活著的人或死去的人，沒有人會被遺棄。這種一起哀痛的表現，可以平撫那遺留在國中、家中、甚至更大的世界中那顫動的虛無，也能使死亡成為生命世界的一部分。

我曾參加過一場喪禮，是人無法在其中一起哀痛，反而突顯孤獨感的那種，也是我經驗最糟的喪禮。五旬宗教會的宣教士思考死亡的方式，不僅是一種外來思維，在我看來更是十分違反人性。他們相信弟兄姐妹已經去到天堂，到了一個更美好的地方，在天上的家與耶穌一起在永遠的福樂中活著，但他們在舉哀的過程中，有許多都相當糟糕。最可怕的是喪禮完全陷入了混亂，宣教士及其信徒進行的是一種儀式，而其餘的人、那些未信的族人同時進行的又是另一種儀式。因此當死者的大老婆茉莉猛地跌到地上痛哭或啜泣時，沒有人可以為她放一塊墊子或攙扶她。當有人情緒失控開始用力打自己的頭時，安撫他們的親戚又在哪兒呢？我永遠忘不了當茉莉意識到無人能夠回應她的哀痛時臉上那種表情，那一刻的她就像不幸的約伯一樣，彷彿被眾人遺棄，突然之間意識到一個殘酷的事實：她的世界已分崩離析，不只是因為她一生所愛的丈夫過世，也因為此刻更令她痛不欲生的，是哀痛得不到任何回應。本來應該能喚起平靜的哀悼，卻陷入了深不可測的孤寂中。

我為茉莉和她丈夫感到痛苦，加上她的丈夫又是我非常敬重的人，因此感到幾乎發狂。這吵鬧不休的場合使我們每個人火冒三丈，原本應該幫助他走過死亡的我們現在卻躊躇困惑、錯誤百出。只要想到他的靈魂希望找到回國的路，卻沒有和諧與平靜相伴，我就覺得非常可怕。所幸我知道這可怕駭人的場面並不是句點，因為只要宣教士離開，並等他們舉行的喪禮結束，我們就可以開始透過吟唱帶他回家了。

月亮與澳洲野犬的故事，也告訴我們死後發生的事。沒錯，就人或澳洲野犬不再能以原本的方式活著的層面而言，死亡確實代表結束；但同時也有許多靈魂繼續活著，有的會藉由別的身體、別的生命、家族或別的族鄉回到這個世界上。老提姆曾說過一個故事：「那小子找到了新的父母：澳洲野犬法則就是如此……那死去的人環顧四周，思想他的傳命者……使自己變成袋鼠、巨蜥、鳥或鱷魚……那就是所謂的法則，所謂狗的法則。」

人的生命會消逝，但生命本身卻是不斷在物種之間變化的過程，人因參與其中而同在連續的生命之流中。透過吟唱陪伴死者走入死亡並回歸故土，是為了保證死亡不是最後的結局，讓人與狗都能回到歸屬之地，並希望即使那人無法像月亮一樣以永恆之姿活著，死亡仍能回歸到生命當中。這些優美的歌謠襯著嚎哭的和聲，一起陪伴著死者走入死亡，走入巨大的輪迴。

但約伯面臨的情況卻極為不同，史蒂芬・米切爾（Stephen Mitchell）的譯文適切表達了約伯的進退兩難：

> 雲彩從天邊散去；
> 同樣，人也消失進入死亡
> 他頭也不回地離開這世界
> 再也不回自己的家。[8]

哈伯在他對於這世界深刻的理解當中，發現約伯極度渴望在這世界得享安息。陰間在他的分析裡，不再是孤獨的地府，而是人可以遠離天堂善變暴行的安身之處。[9]

約伯渴望回到這世界，亦可詮釋為他對祖先的尊崇。考古學家與歷史學家瑞秋·哈洛特（Rachel Hallote）經過廣泛調查研究之後，主張聖經掩蓋了那時代的人對於死亡的看法。「大部分以色列人會以食物和禱告來祭拜過世的家庭成員」，她如此寫道。[10]即使是死去的人，也仍被視為家庭中的一分子。他們將死者安葬在洞裡、房子底下或田裡；以色列人透過與死者分享食物和求問未來的事，來表達對死者的敬虔，保持生者與死者之間的連結。臨死的人會向活著的親人表達將他們與祖先同葬一處的願望，使他們能與祖先在一起，且與後代子孫相連結。

這種對於死者的敬虔展現在家人之間，或許更鮮明的體現在「家」這更大的群體之中。古代的家除了指涉某種空間和地方之外，也意指人希望能維繫某種世代間關係，將兒女與家未來的命運綁在一起，因此會為兒子找妻子，為女兒找丈夫。[11]上帝摧毀原本約伯興旺的家的方式，就是壓死他的兒女，並屠殺他們賴以為生的所有牲口，並毀壞所有的作物。

上帝殘忍地遺棄了約伯，因為沒有了後代，約伯就不能藉由其他活著的人保持與生命世界連結的關係。他一旦死了，就會經歷兩次的死亡——先是失去他在生命世界其中一分子的地位，之後又失去死後與生命世界連結的機會，因此他深入地探究了自己的滅絕議題。哈伯認為，或許約伯渴望回到大地的母胎中，代表他意識到當萬物毀滅，只有大地的才是他最後指望的歸宿和最甜蜜的安息之處。

這樣，我的指望在哪裡呢？
我所指望的誰能看見呢？
等到安息在塵土中，
這指望必下到陰間的門栓那裡了。[12]

上帝摧毀約伯的家時，不僅奪走了他的今世，也奪走他的來生。約伯真的完全被孤立了，他死後無人為他哀哭或以歌聲伴他走進墳墓，一旦身體死去就沒有未來。上帝不僅毀了約伯的生，也毀了他的死——甚至是冷漠無情的月亮也並未如此對待澳洲野犬。

孤立無援的約伯坐在自己的爐灰之中，拿著瓦片刮著自己化膿的肉；我們可以理解人為什麼不想靠近他。然而，根據哈伯對於大地的解釋，我們知道約伯的身邊確實有一些同伴，因為〈約伯記〉宣告，上帝大能的手也壓迫了「所有的生命，動物、鳥、魚，甚至是大地本身，……約伯並非獨自受苦。」[13]

約伯稱他與自然界因一起受苦而同病相憐，但這當中或許存在著一種更緊密的連結。我想像當約伯養的每一隻動物都遭到殺害的時候，也包括看門狗和牧羊犬，但就像我們這時代一樣，當時也會有一些流浪狗在街頭巷尾遊蕩，有些被人遺棄，有的只是喜歡四處探險。假若其中一隻流浪狗看到約伯後在他身旁安頓下來，與他共享食物和溫暖營火的話，故事又會如何發展呢？因為是狗，所以牠不會介意他身上潰爛的爛瘡口、片片剝落的皮膚、口臭或異味，不僅如此，牠也會將他當作真正的人，而不是一副令人作嘔的軀殼。牠若望進他的雙眼，是否會發現即使被上帝和世人拒之於千里之外，在他傷心孤單的背後，仍保有想要連結的渴望？被月亮奚落辱罵的澳洲野犬有同伴相隨，約伯為何不能有狗相伴？

為紀念古代的黑色護衛犬，我們稱牠做「小黑」，牠應該是一隻與〈出埃及記〉裡面的埃及犬系出同源的狗。[14]牠會舔約伯的手，有時搖搖尾巴，帶著忠實的熱情和機靈的眼神望著他。牠完全不怕這號可怕又有名的人物，因為牠的祖先以前也遇過這種情況，並對此有透徹的認識。牠們知道自己會死，也知道如何以吟唱陪著牠們的同伴，有時需要喚牠們回來，或帶領牠們走過那段路，進入更豐盛的生命。牠們在這賭注與死亡空間裡，唱出橫跨深淵兩端的歌。即使沒有人能留下來為約伯哀悼，即使上帝看似冷漠無情，小黑仍會守在他的遺體旁嚎哭，並吟唱伴他進入地裡。

因此當上帝最後終於在旋風中現身，滔滔不絕地細說祂的大能時，約伯並非獨自一人。小黑也一塊兒聽著上帝從旋風中出現的聲音，當上帝吹捧自己的大能時，牠也聽到獲勝的月亮徘徊其中。

> 我立大地根基的時候你在哪裡呢？
> 你若有智慧，儘管說吧！
> 你若曉得就說，是誰定地的尺度？
> 是誰把準繩拉在其上？
> 地的根基安置在何處？
> 地的礎石是誰安放的？
> 那時，晨星一同歌唱；
> 上帝的眾子也都歡呼。[15]

上帝說了很長一段話，小黑把頭枕在約伯的腿上，他把手臂環在小黑的脖子上，一起聆聽，他們之間的情誼使約伯有了新的體悟。他承認上帝非常偉大，因此淡淡地說：「我知道，你萬事都能做」[16]之後，也許會像達利和別人斥責月亮一樣地責怪上帝。但約伯同時指出，有些事是上帝無法做到的。他的意思是，也許上帝找不到可以舔祂手並以歌聲伴祂回家的同伴。他的領悟來自於小黑，小黑使他明白上帝的極限，使他開始意識到上帝因為全能而無法擁有他者真實的同在。如同月亮一般，缺乏他者的陪伴使上帝少了邂逅、承認與同情的能力。或許祂能戰無不勝，但換得的卻是絕對的孤獨。

約伯可能會回想到伊甸園，回想到亞當與夏娃，也或許會想到可怕的孤獨如何臨到偷吃禁果之後變得與上帝相似的兩人。上帝的詛咒成了雙重詛咒：兩人不僅會死（與上帝不同），也不再能夠認識地上的生命、並進入其中。他們不再知道如何融入世界，只知道如何統治世界。他們自認為像上帝一樣全能，所以幾乎沒有意識到這世界裡潛在的親緣關係，以及與終有一死的生物之間存在的同伴關係。嚴重迷失的他們，只能繼續獨自走在功利、殘酷又疏離的陰森道路上。

聖經故事說約伯最後向上帝悔改，我不知道約伯是否確定自己並不想成為上帝，也不想像上帝一樣，所以只是套用上帝大有能力的語言，來告訴上帝他要放棄知的渴望。約伯是否有能力看到面對死亡需要同伴的支持，也瞭解他者的安慰就是這世界的祝福？原住民故事告訴我們，狗與人都知道進入死亡空間需要同伴，因為這世界上的同伴會在闖入恐怖之地時互相幫助，至懃至懇地大聲喚著：「回來吧，回來吧！」

這時代是滅絕的世代，我們正處於兩種孤獨之中。當動植物與我們在大地上其他珍貴的同伴跌入無法回頭的死亡深淵時，也遭到遺棄的命運。他們的後代子孫被剷除，遭到殺害的他們彷彿是世上多餘的存在。有誰向他們高聲唱歌？抑或他們的呼喊終究消失在孤獨的死亡空間裡，那裡只有對災難視而不見的強大力量，忽視了他者的臉孔，只有陶醉在自己成功的喜悅中。

讓我們以積極的態度熬過這段傷心的日子，千萬不要忘了繼續歌唱：

馬來熊、臺灣黑熊、貓熊、北極熊和灰熊
在那古老世界的諸神，回來吧——
兔耳袋狸、長鼻袋鼠、尖尾袋鼠和大鼠
住在沙漠的諸位居民，回來吧——
德州灰狼、住在日本、南落磯山脈的狼和大灰狼
歌聲動聽的諸位歌手，回來吧——

親愛的狐狼、野犬、澳洲野犬
我最親愛的諸位同伴，回來吧——
當孤獨逐漸籠罩，當刺眼的光逐漸逼近——
回來吧，
或者讓我們帶著你
別讓我們永遠撇下你。
回來吧——

第八章　如果歷史天使是一隻狗

華特・班雅明（Walter Benjamin）是文學批評家、翻譯家、散文家，也是哲學家，他試圖逃離納粹德國時在邊界被擋下來，因無法面對被遣返的命運而自殺。班雅明的文章在他死後影響漸大，有一部分可能是因為他的文章談到大屠殺，並直接論及文明遭逢的橫禍。最有影響力的短文，是第九篇探討歷史哲學的論文，他先在文章一開始引用格哈德・舒勒姆（Gerhard Scholem）的一節詩，接著則是以下這段文字：

在克利的畫作〈新天使〉中，一名天使凝神注視著某樣東西，同時彷彿要飛離他所注目之物。他雙眼直視，嘴巴微張，雙翅展開，這就是人想像中的「歷史天使」。他的臉望向過去，在所見的一連串事件當中，他只單單注視著仍舊不斷堆疊殘骸，並將一層層的殘骸拋到他腳前的那場浩劫。天使想要留下喚醒死者，使破碎的得以恢復，但此時從天堂颳起的風暴猛烈地吹擊天使的翅膀，因此他幾乎無法將翅膀收攏。風暴不斷推著他走向不願面對的未來，眼前這堆碎石卻高聳入雲。這場風暴就是我們所謂的進步。[1]

這段廿世紀最偉大的文字至今仍能直接與我們對話，就暗示在這時代仍有其價值。其中的每一句都提到不同參與的念頭，但最觸動我的是代表浩劫的殘骸部分，因為一切生靈都被捲入這些殘骸之中。請讓我們認真思考，生靈在這死亡逐步升高的時代裡的哀號暗示了什麼？

能夠解釋死亡的有兩大脈絡，第一個脈絡是生命裡存在著死亡的事實。個體的生命中存在著死亡，若將時間拉長來看，大多數物種的生命中亦存在著死亡，只有某幾種細菌例外。死是生必然的結果，是我們這些複雜的生物都會遭遇到的事，有的是因為老化或生病；或因為成為獵物遭到殺害；有可能是因為暴風、地震或火山爆發等大事件。在這脈絡底下，一切生靈都在生與死的生態共同體休戚與共，生命在這些共同體中，在時空中不斷地塑造與破壞。

第二個脈絡是人類獨有的發明，與第一個脈絡不同，意即人類造成的「大規模死亡」。[2] 這種死亡的方式出自於人類，而且僅限於人類「毀滅的意志」。當代學者尤其對於大屠殺這種慘劇有強烈的興趣，但事實上所有種族滅絕的例子都符合第二個脈絡的條件。最激烈表現出毀滅意志的，莫過於「殺戮」。殺戮認為未來是虛無的，並透過制度性的操作來達成虛無的目標。該領域的學者主張，毀滅的意志玷污了生命與死亡。對於一般生命而言，死亡是成全生命的必經階段，但人類造成的大規模死亡非但不是必須，也無法成全生命，反而是巨大的干擾，並否定生與死之間的關係。若我們認真從動物的觀點來思考殺戮，就能將人為滅絕包含其中，以種族滅絕來分析生物滅絕。但在那之前，我們得先回來探討「確定性」和受苦的問題。

無辜者遭受的苦難

「神義論」（theodicy）是專有名詞，意指透過理性鑽研來理解這世界存在苦難的原因。雖然並非所有人都對答案有興趣，卻也因為以邏輯闡述上帝的關係，使該議題成為西方宗教與哲學亟欲解決的問題。若上帝真如基督教所聲稱的那樣全知、全視並完全仁慈，為什麼無辜的人會遭受苦難？全知全能的上帝必然意識到事情的發生，也必能阻止事情的發生。仁慈的上帝也必然會想要阻止事情發生。若是如此的話，苦難為什麼會存在？[3]

「人類的自由」是西方哲學思想的重要觀念之一。因此上帝不阻止苦難的原因，是為了不限制人類的自由。列夫·舍斯托夫認為這主張限制了上帝，他確實強烈相信上帝凡事都能，但他也會持續挑戰上帝。如同約伯一樣，他認為憐憫與公義使他成為正直的人，他不相信上帝沒有能力，或不想成為正直的上帝。

對於舍斯托夫與其他存在主義者而言，杜斯妥也夫斯基的《卡拉馬助夫兄弟們》是一部非常重要的作品。舍斯托夫反覆提到伊凡在《卡拉馬助夫兄弟們》中所說的寓言故事〈宗教大法官〉（The Great Inquisitor），這故事主要探討的是人類作惡的能力、無辜者遭受的苦難，以及上帝的缺席，而我們要知道，伊凡所表達的其實是歐洲啟蒙運動的思想。他採取超然的旁觀者角度，嘗試將道德的理想奠基於理性，而非信心；他渴望完全，並抱持著衍生與奠基於道德優越感的態度。

伊凡為自己申辯時，說了許多則兒童每天受到虐待的故事，其中一則提到某位擁有成千上萬名農奴的權貴將軍。他豢養一大群狗，並有一百名男孩負責照顧他的狗。有天一名童僕不小心使一隻狗受傷，將軍就將那少年從他母親身邊擄走，關進監牢一晚。到了第二天早上，將軍照例率領眾多馬兒、獵犬，照顧狗的少年和獵人等人馬，準備狩獵。他們扒光那男孩的衣服，強迫他一直跑，將軍命令獵狗追他並展開攻擊，而男孩就在母親的眼前被這群獵犬撕成碎片。[4]

伊凡爭論向阿利歐沙修士爭辯說：「就我可悲的、世俗的眼光對於歐幾里得法則的淺見，我只知這世上有人受苦，卻無人有罪。直截了當的說，有因就有果，事情就是如此簡單，萬事自然發展，各行其是。……我若沒有公義，就必會自我毀滅。」[5]伊凡所探討的是糾纏西方神學千年來的苦難問題，而他的分析使自己走向了虛無主義。他略舉出幾個可能性：若苦難存在是因為上一輩的人加諸兒女的罪惡，那上帝就是不公義的上帝；若上帝的大能遠超過人所能理解，我們就會相信有的折磨是好的；若今世的苦難可在來生獲得補償，「先折磨孩子，事後給予糖果看來就是上帝的公義可接受的。」[6] 伊凡最後提出完整的「雙重約束」敘述：若上帝真的存在，並允許苦難發生的話，上帝就是殘忍的上帝，宇宙間也沒有公義可言；若上帝不存在，宇宙機械論即屬實，並且「宇宙中只有無意義的物質客體，沒有人犯任何罪，因此也無所謂對或錯。」當然，這兩種說法都是伊凡無法接受的，他已經失去了繼續活下去的理由。[7]

舍斯托夫認為啟蒙運動所主張的是，人選擇對錯的自由高於上帝阻止苦難發生並拯救無辜者的能力，哲學家舍斯托夫痛苦地對著他眼中人與上帝的墮落，也對著憐憫與公義大聲疾呼。如同約伯，他不甘在恐懼之下臣服，也如同約伯一樣，他繼續堅持對話的可能性。[8]

約伯同樣提出這些問題，同時也拒絕接受背後更大的益處，能合理化苦難的存在，他只希望上帝不再躲躲藏藏。雖然上帝最後終於向約伯說話，但仍未解釋祂為何容許約伯受苦的事情發生。舍斯托夫的探討寫於大屠殺之前，他從不懷疑人有使他人受苦的能力，也無須親身經歷大屠殺來質問上帝到底在哪裡。相反地，大屠殺倖存者埃利·維瑟爾因其死亡世界的親身經歷，所以在〈當代的約伯〉(Job: Our Contemporary) 一文中表達對於約伯的故事不同的詮釋。維瑟爾欽佩約伯的叛逆、要上帝與他說話的堅持，以及拒絕接受苦難合理化的態度，堅信受苦必須是罪有應得的結果。約伯最後恢復了原本的生活，過著幸福快樂的日子，但維瑟爾覺得故事的結局很怪：「我寧可相信約伯記真正的結局已經佚失，其實約伯最後既沒有悔改，也沒有使自己蒙羞就過世了，並因毫不妥協、堅持做完整的人而抑鬱以終。」維瑟爾認為約伯其實就是當代人物，「我的心思全放在他身上，尤其戰後那幾年」他寫道：「在這年代，歐洲路上任何一個人都可能是約伯。有的負傷、有的被搶、也有的截肢，他們的確稱不上快樂，但也不聽天由命。」[9]

維瑟爾在熱切深思的文章中，說出他希望約伯提出的問題：「他應該跟上帝說：好吧，我寬恕你，即使在傷心與痛苦之中，我仍然可以寬恕你，但我死去的兒女呢？他們可以寬恕你嗎？我憑什麼代表他們說話？……忍受你給我的不公，是否代表我也成了你的幫凶？現在輪到我在你跟我的兒女之間作選擇，而我拒絕斷絕親子關係。即使我無法獲得公平對待，我也要求他們的正義得到伸張，並要求審判繼續。」[10]維瑟爾不相信約伯真的接受上帝的觀點，因此他在結論中說道：「約伯體現了人對於公義與真理的永恆追尋。……〔他〕使我們知道人有能力將上帝的不公義，轉化成人的公義與憐憫。」[11]

塑造死亡的世界

我於一九八〇年九月開始使在雅拉林地區進行研究，九月十二日時有一架飛機低空飛掠部落，投下一塊澳洲野犬的餌。當地人都曉得那是劇毒的「1080 農藥」，目前尚無解藥。他們利用飛機固定空投摻有「1080 農藥」的大塊乾肉，施行大規模放餌。動物若誤食高劑量的「1080 農藥」就會中毒，使犬科以外的物種也置身於危險之中。更嚴重的是，啃食中毒動物屍體的鷹、隼和鴉，以及其他澳洲野犬等動物，也增加了中毒的風險。毒性可於動物的骨頭中殘留長達兩年，因此即使放餌之後經過很長一段時間，動物仍舊籠罩在中毒的陰影之中。[12]

雅拉林地區的原住民對於他們的族鄉遭人放毒餌這件事感到震怒，因為澳洲野犬與營區犬的保護、其他動物的保護、兒童保護以及屬於自己土地的控制權，都是他們所關心的議題。英國人來到澳洲之後，按著他們所制定的法律劃設原住民的土地，但土地面積卻遠比原來的土地總面積更小，幾乎使所有傳統領域都變成牧場用地，導致現今土地問題愈益棘手。雖然毒殺澳洲野犬的餌放置的地點是落在英裔澳洲人承租的土地上，他們還是敏銳地察覺到，自己族鄉的傳統領域與部落裡存在著這些毒餌。為更明確呈現事實，我們必須補充說明：澳洲野犬的毒餌其實是毗鄰的畜牧業者所放。

老提姆是澳洲野犬族裡最年長的執法者，他請我寫一封信告訴白人：「不要碰原住民的土地，……原住民要住在他們自己的土地上，保有自己的律法。」他還告訴我一個不吉利的小故事：「以前有個人殺了很多隻狗，他現在已經死了。」為清楚起見，我必須說明當時情況，據說那人至少殺了八隻狗，而且背景顯然是第二章中所描述的那種射殺。老提姆說那人已死的故事，聽來像是一種威脅，但研究之後的結果卻發現，這其實是一種「保證」或「因果」的敘述：若發生A，就會發生B。你若殺狗就會死，事情就是這麼回事。

如第六章所探討，畜牧業者認為若要保護牲畜，就必須進行澳洲野犬的防治。雖然科學證據指出畜牧業者的觀念是錯誤的，但這是一九八〇年時尚未出現的新知識。無論防治澳洲野犬是否有助於保護牲畜，空投毒餌確實想像了一個沒有澳洲野犬的族鄉，且不達目的誓不罷休。此事也進一步暗示。所有的「附帶損失」——造成其他許多動物的死亡——都與「道德」無關。

雅拉林人對此提出抗議。根據原住民的傳統律法，他們須對自己的土地自主負責。施放毒餌干犯了他們的律法，更嚴重違反每個族鄉及其一切生靈都必須為自己著想（見第二章）的基本道德原則。照顧與被照顧就是一種連結的關係。族鄉不僅是人類的家園，也是其中一切生靈的家園，國中萬物在跨物種的責任與義務關係裡為彼此著想。照顧其中一分子，就能照顧到其他分子，並因此有助於連結性的維繫。以生態觀點來說，族鄉是一個自我組織的系統，萬物在其中同舟共濟、休戚相關。人若想在這世界上健全地活著，就必須在他們交織的生態關係中承擔應盡的責任。人藉著相互依賴的關係而生，並透過愛護自己的族鄉、族人、傳命之境以及非人類的親屬，來維繫這種相互依存的關係。

在族鄉裡，生與死總是彼此相連，因此我們必須思考何謂彼此相連，也就是利害關係交集的意義。以連結性的邏輯來思考，就是想像萬物在促進生命轉化的倫理關係中彼此息息相關。施放澳洲野犬毒餌事件破壞了許多串連不同變數的連結性。當地施放「1080 農藥」主要目的在毒害澳洲野犬，因此對於澳洲野犬族人而言，傷害澳洲野犬等於傷害牠們，也等於傷害牠們的親戚。或許更可怕的是，毒藥不僅使生命遭受威脅，甚至也導致死亡。毒餌造成的死亡在那地方擴散開來，可能使覓食的動物因此遭遇不幸或死亡。食物變成毒藥之後，也腐蝕了互相照應的關係。這粗暴的行為將死亡偽裝成生命，奪去生命共存共榮的機會，使任何生命都難逃一死。死亡本來的意思也遭到扭曲，因為中毒的動物變成其他動物的食物，使牠們也遭到毒害。「1080 農藥」掀起了一陣又一陣的死亡浪潮，使族鄉裡的生命不再能自行塑造與毀滅。相反地，毀滅的力量掌握大權，一再擴張它的勢力，死亡不再能輪迴重生。

死亡敘事

最近有越來越多的哲學作品透露出對於死亡議題和集體死亡的關注。哈特利是這領域的關鍵人物，他在分析人類造成的大規模死亡的精闢文章中，探討「死亡敘事」的概念。對人類而言，死亡敘事將死亡與死者置於歷史共同體的脈絡中。哈特利解釋，「死亡敘事」以時間為背景，並包含代代相傳的智慧、回憶和傳統（見第二章）。這組「可被視為一波波在時間中流動的記憶、見識與期待，能夠支持或供養每一代的個體，他們也能各自以獨有的方式自己增長或改變這些記憶、見識與期待。」[13]他寫道：「當生物置身於死亡與誕生之間的分際，就能聽到他承襲的生命向他說話。過往的生命鼓舞了他，確確實實為他注入了存在的可能性。但也因為這種鼓舞屬於跨越世代的過渡階段，使新的存在賦予新的責任，所以藉由注入而得的存在，並不屬於他的祖先。」[14]

死亡原本能在群體中成為一種鼓舞的力量，如今毀滅意志為了實現「死亡的世界」卻對群體展開猛烈的攻擊，並帶來嚴重後果。「死亡世界」所指的，是發生在時空結構底下滅亡的骨牌效應。哈特利「死亡敘事」的概念，清楚闡明了這種殺戮的嚴重後果。[15]智慧、記憶與傳統，都是透過後繼生命世世代代傳承，因此人所造成的大量死亡不遺餘力要將這些禮物與責任連根拔除。「殺戮」意在獨攬全局，並拒絕他者的呼喚，因此「表現的好似它創造了自己；

好似自己永不滅亡；好似他者的苦難對它而言毫無意義；好似任何事都可能發生。」[16] 或許這一切都是為了將過去發生的事，幻化成一面孤芳自賞的鏡子，哈特利在結論時說道：「人以一種殖民的心態來看待過去與未來，將別的時代視同他們的資源。」[17] 而殖民絕對是一種「好似什麼」的錯覺：好似他者並不重要，好似沒有任何限制。殺戮不僅對於時間造成傷害，也影響了死亡再生的能力。殺手在搜尋的過程中，將所有時間與生命囊括到他們逐漸擴大的死亡領域中。

哈特利雖然認為死亡敘事的概念應該增加生態層面的思考，但因仍著重在人的層面，所以並未發展生態層面的論述。[18] 我則是朝兩個方向來發展生態觀點，一是與西方科學的對話；另一個則是與原住民連結性目的論的對話。西方科學尋求普世統一；原住民哲學則將生命、死亡、禮物與責任置於族鄉的脈絡來思考，而這兩者都是非常重要的觀點。

我們已經看到，哈特利認為族群或物種在時間流裡形成一波波的浪潮。馬古利斯與薩根也提出類似的想法，將生命視為「彷彿一道奇怪又緩慢的浪潮般，隨物質不斷轉變與起伏的具體過程。」[19] 根據馬古利斯與薩根的主張，生命是生成的過程，存在於時間的框架中。生命在普世親緣關係的背景下，隨著時間不斷變得越來越複雜，藉著共同的本質、相連的歷史，以及同樣置身於源遠流長的大地生命的緣故，使萬物終將成為緊密相連的命運共同體。[20] 因此，生命的本體就是包覆在地表那層不斷發育與自我交互作用的物質。[21]

馬古利斯與薩根認為其中蘊含了兩則啟示：其一是「我們的命運與其他物種的命運相連」[22]；其二是大地上的生命不是我們所能拒絕或摧毀的。[23] 他們在分析中暗示了，好似的錯覺是最根本的謬誤；好似沒有任何限制；好似還有在別處取得生機的可能，這都可能摧毀生命。他們接著說道，萬物都有兩種生命，一種是被賦予的；一種是自己創造的。[24] 哈特利的著作使我們明白，萬物還有第三種生命，意即留給後代的生命。按結構的層面來說，留給後代的生命就只是後代子孫所得的生命，但因時間無法倒流，所以唯有思考如何在被賦予的生命、我們活出的生命及遺留給後代的生命中積極參與，才能更認識自己、更瞭解生命的歷程。讓每一個生靈（或許除了某些細菌之外）都能活出這三種生命，是生命的期望；這意謂著生命希望每個個體都能成為他者的祝福。

「殺戮」意在創造虛無，浩劫的殘骸截斷了生命的渴望，損害生命多樣性蓬勃的生機，犁出更多死亡的溝壑。班雅明第九篇論文本身，就是教導我們應當如何進行歷史思考的精華，該文的巧思在於以急速又傳神的意象，展現追求進步如何成為萬物承受苦難的嚴重後果。浩劫及殘骸既非副作用，也不是附帶損失；進步的理念期望創造一個更美好的世界，但這樣的世界至今仍不見蹤影，此刻可以看到的只有一再發生的災難：「這堆碎石」依舊高聳入雲。[25]

好似……的假象眼光短淺，聲稱一切都沒有問題，而最能清楚展現追求進步的神話背後那股強大力量的，莫過於當下發生的浩劫。雖然我們生活的家園一直以來都承受了微小的不明之災，但大部分時候卻未意識到這點。萬物和我們都有可能大禍臨頭，無論是人類或其他存在都無可倖免。澳洲詩人史蒂芬·艾德格（Stephen Edgar）曾在詩中描寫車諾比地區所遭受的多重災難：

二、狗兒

他們先是一臉疑惑，一臉悲苦，
即使拚了命想擠上準備出發的巴士，
卻仍只能追著車後頭跑，
只能目睹公車後半部車窗出現孩童的面孔，
狂亂揮舞的手漸漸消失在視線之外。
被留下獨嚐感染病原的，
是渺無聲息的小鎮。
昏黑無光，杳無人跡，彷彿鬧了鬼的陰森。

一路隨著氣味行進的
這群無主遊魂，
彷彿淪爲笑柄的存在，
漸漸變的恐懼不安、疑神疑鬼，他們變的野了，開始四處打劫。
他們成群結隊，瘋狂
以（當然也是遺棄養的）貓爲食。
牲畜無論自由身或被縛的，都驚恐萬分，
全難逃他們的魔掌。
末了他們才將覓食範圍，
縮小到垃圾和家庭廢棄物，
那些從他們主人繼承而來的最後遺物，
這也算是一種野蠻的義吧！
接著有人拿槍前來，
背後詭異的披風，使他們形似幽靈，
展開獵捕，開始射殺，

然後死死盯著，直到他們停止扭動。
但人的前腳才剛離開，
就傳說，有些狗，
逃離了那片死亡之地，
如夏日覆蓋春天那樣，蔓延開來，
蔓延到傳命的另一個世界。
孩童伸手討食充飢——
有些遭到撕裂，有些
在張開的手感覺到舌頭的碰觸。[26]

災難造成並決定了多元物種共同體面臨榮辱與共的命運，意即重要的並不是以國界或「自然的」（物種）作為界線，而是以共同的脆弱性一起承受苦難，來決定何為共同體。[27]詩中提及類似我們對於巴比、小伙子與小黑之間那種一視同仁與深情的跨物種關係，對於艾德格而言是一種安慰。令人驚嘆的是，車諾比地區竟然有些狗仍願意付出感情。我將於第十一章回來重新探討「愛」的議題，此處則著重「共同的脆弱性」來討論。

族鄉

科學描述的故事往往都奠基於某種細微或宏大的特殊性，卻又同時被概括成為超越特殊脈絡的通則。相反地，原住民生態學深植於族鄉的概念中，也體現於族鄉之中。正如所見，族鄉是一切生靈與所有生命系統的母體，交互共享時間與空間。在最好的情況下，族鄉是連結性的區域，透過自我組織趨向共存共榮的相互依存狀態。我的原住民老師會堅稱，族鄉也是死亡敘事的一部分，而不單只涉及人與人之間的接觸。在族鄉的脈絡中，生命的欣欣向榮代表的是前幾代的敘事。昌盛的族鄉得以存在，是因為萬物都為族鄉的生命貢獻一己之力。族鄉的生態敘事，則將死亡納入回歸生命的過程當中。

從族鄉的觀點來看，死亡敘事的概念圍繞的是：死亡透過約束與萬物共同成為生態共同體，此外，這代表的不僅是從人類脈絡所嚴格定義的歷史共同體，而是更大的生命與在地共同體。這亦表示，在環境大規模遭受破壞的地方，如果生機盎然的生態系統崩潰，個體在他日之死也會隨之崩解。死亡原本應該回歸生命，但生態系統的崩潰使死亡也越來越難回歸生命。[28] 我們在約伯的故事中看到了這種相似處：隨著生命毀壞的過程引發了死亡，導致死亡事件不斷發生。生態浩劫也同樣會破壞過去與未來的生與死接連。我們可以看到，這種大規模發生的事件開始在生命蓬勃的土地上堆放一具具的屍體，甚至足以顛覆生死之間的平衡。好似……的錯覺已使世世代代萬物欣欣向榮的族鄉變成萬物連結性被摧毀的的死亡世界。

上述生死循環與擴大的後果，都是毀滅的意志所造成。別忘了那不吉利的故事：「以前有個人殺了很多隻狗，他現在已經死了！」這故事的寓意，其實就是那些任意殺害生靈者最終的命運。人類失去夥伴之後，會遭逢什麼樣的命運呢？當供養我們與他者的生命網遭到死神不斷擴張的勢力所傷，我們又會變成什麼樣子呢？

戰利品

許多人在澳洲內陸旅行時常常會看到死掉的澳洲野犬，有些慘死車輪之下，有些雖死因不明，但隱約可以猜大多是「1080農藥」的犧牲品，而且死前應該都曾遭受極大的痛苦。[29]我曾到北領地一間牧牛場參觀聖址，在那裡看了傳命始祖變成的樹，探討樹與人如何一代代地攜手前行。一開始使我們警覺到有異物存在的，應該是一股死亡的氣息。我們沒多久就發現氣味的來源，原來是一隻澳洲野犬遭人殺害後被掛在圍籬上頭。那姿勢就像是要攀越圍籬逃跑一般，這顯然是個奇怪的說法，但還是有人努力想要理解這類的事情。仔細看過屍體之後，我們發現雖然看似無意中，其實卻是刻意以某種方式被掛在圍籬上。這是否代表了什麼訊息？又是留給誰的訊息呢？

我詢問一位瞭解畜牧業者的朋友，想知道她對於這種懸掛屍體展示的看法，她說：「這麼做是為了彰顯他的能耐。」這聽起來似乎是所能想到最合理的解釋。人這麼做也許是因為他討厭澳洲野犬，或因為他覺得可以作為給澳洲野犬或別人的某種訊息，所謂別人，指的是那些將澳洲野犬稱為父母的原住民。但他最後表現出來的，卻只是這個殘酷事實的能耐。

澳洲野犬的死在這變態的惡習中，變成獵人與部落履歷的一部分。澳洲野犬活著的時候，畜牧業者對牠們不屑一顧，死後還被展示在被人全權掌控的敘事當中。畜牧業者想要消滅牠們，以展現自己支配的權力。澳洲野犬猶如亡命之徒，追殺牠們的人竟然可以免除相關刑罰。此處所顯示的除了社會權力之外，亦包含了跨物種之間的權力。

這場秀所展示的，是他們與荒野間動物的戰爭中所贏得的戰利品。我想知道的是：我們自以為得到了什麼樣的權力，可以竊取其他動物的生命，為了人類私心的緣故而扭曲他們的未來與過去？越來越多這類錯覺的出現，只會使失去連結與秩序的生態系統更加失控，傾覆塑造與破壞之間的平衡，難道這些事實還不夠明顯嗎？

這些問題使我想起「歷史天使」，我將「歷史天使」想像成一隻澳洲野犬。我聽見她嗥叫著那些牠們才懂的複雜字彙，大聲呼喚著她的澳洲野犬與人類同伴。

這聲呼喊的性質十分複雜，我們聽過不少呼喊的聲音，人也會呼喊，且次數似乎越來

「他的臉望向過去……眼前這堆碎石卻高聳入雲。」近北領地的基曼泉研究站，攝於 2006 年。
（照片提供：本書作者）

越頻繁，我們或許會想知道，人類是否需要以同樣的道德態度來回應動物。耶恩·哈金（Ian Hacking）是加拿大的哲學家，他在深度評論柯慈《動物的生命》與《屈辱》的文章中探討了這個問題。哈金特別關注《動物的生命》，並針對書中伊莉莎白·科絲提洛比較動物的宰殺與人類（尤其被納粹統治的猶太人）的屠殺提出討論。柯慈與書中的角色都注意到，人因為這樣的觀點產生不安的感覺，尤以書中的亞伯拉罕·史坦反對最力。哈金寫道：「我當然同意亞伯拉罕·史坦所說的：『就算我們說人對待猶太人就像對待牛一樣，也不意謂著人對待牛就像對待猶太人一樣，顛倒是非對於死者的記憶是一種侮辱。』哈金附和之後又說：「但我也說不出〔這種〕言論何錯之有，畢竟柯慈並非這等卑劣之人。」[30]

將天使想像成野犬，有助於我們更深刻理解一些問題。或許問題的關鍵並不恰巧或僅僅特別落在動物是否遭虐致死，或哪些物種特別容易遭受殺害，反而在於「殺戮」對世界所造成的影響。我並不否認虐待是極其重要的議題，但若突顯虐待的話，很容易窄化議題的方向，變得只著重身體上的受苦。[31] 浩劫是一種破壞的力量，摧毀了這長久以來因生命而美麗的世界。祖先將世界留給我們，交在我們手中，卻在這時代中遭受破壞。事情不僅如此：殺戮不僅破壞了美麗的世界，也破壞了時間之流中生死的連結，並集合所有力量來消滅未來生命的蓬勃與多樣性。更嚴重的是，未來生命的多元與豐富，即我們可能贈與未來的禮物，也因此被剷除了。

如果歷史天使是狗的話，她會存在於這個世界上，存在於相互關係中，有溝通的能力，也會發出呼喊。若是如此，我們可以想像這是真實存在的世界，他者也具有溝通的能力，我們亦受到召喚，進入連結的關係中。天使因為看到人類同伴使自己在死亡世界的迷宮中無路可逃而不住嗥叫，她為了萬物遭遇的死亡與折磨，以及這一切的冷酷無情而悲傷嗥叫，且會邊喊邊尋找我們的蹤影，試著將我們與他者拉回連結性中。她叫著：「回來吧，回到生命世界來吧！」

置身於死亡世界當中的我們，必須擁抱創造我們、供養我們的生命力量。回應呼喚意謂著回轉歸向他者的生命，並約束自欺欺人的「好似……」行為。回應呼喚的過程中發生彼此交會與承認的戲碼，引領我們與注入生命氣息的死亡敘事面對面接觸。死亡敘事尊重生命與死亡，重視生死之間的平衡，也看重生命對於連結性最深層的渴望。置身於時空之中，意味著未來也會呼喚我們，並希望我們尋求那股只有我們才能注入的鼓舞之力。

第九章　毀損的臉

潔西卡告訴我澳洲野犬被吊在樹上的事情之後，我不僅親自前去現場，也寫成文章四處分享。各地的人漸漸知道我所關注的議題，並願意與我分享更多的資訊。一天晚上，有個朋友的朋友帶來一些照片。一開始我只覺得照片有些怪異，後來才看出詭異之處。但因目前為止已出現不少強烈反對將澳洲野犬吊在樹上的聲音，所以要取得這張照片必然不是件容易的事。但照片裡怪的不僅如此，也或許我只是很難相信自己的眼睛所看到的：這些澳洲野犬是被剝皮的屍體；只剩下肉、骨頭、牙齒和頭骨，除了獵人保持完整的四肢之外，全身上下幾乎都沒有皮。

我多麼想要飛奔到牠們毫無氣息的令人揪心的屍體旁，想念著牠們仍活蹦亂跳的時光。任何承受過痛苦的人都知道，受苦並非可以一笑置之的事。我凝視著這些慘不忍睹的屍體，想著：即使獵人都是在牠們死後才做這些可怕的事，即使當時牠們已經感覺不到痛苦，我知道自己還是覺得受到傷害與粗暴的對待。我們應如何直接面對這些動物同伴呢？提出這問題基本上就等於瞭解到，我們一旦與破壞之地碰觸，就再也無法回頭。我們已經遭受牽連，再也無法脫身。

破壞

聽說獵人展示澳洲野犬屍體的目的，是為了證明他們的能耐。因此他們不僅會展示屍體，甚至可能剝他們的皮。看著照片時我才想起，西方世界和其他地方的過去，都有如貝利・羅帕士深入探討的那樣，[1]存在著虐待與殺害掠食者的黑暗史。屍體既是戰利品，也是鏡子：映照出我們的為人，映照出我們四處虐殺並因此自豪時的醜陋嘴臉。

伊蓮・思卡瑞（Elaine Scarry）與哈特利和其他作家，都曾在人類虐待與種族滅絕的脈絡底下討論「雙重痛苦」的主題：遭受傷害是第一層痛苦；生命被剝奪表達他們在意受傷的能力則是第二層痛苦。[2]曾到「死亡世界」走過一遭的埃利・維瑟爾說道：「我們必須強調的一點是，對於受害者而言，旁觀者的冷漠所造成的傷害，遠比殘忍虐待他們的更甚。」[3]冷漠聽起來或許較為被動，但若從痛苦的脈絡來看，冷漠代表否認關係，並拒絕道德回應的要求。我們在〈約伯記〉中也看到，為苦難辯護，聲稱人的受苦是理所當然，希望將苦難導引回理性與傳統神義論領域的探討，其實就是一種拒絕。拒絕不是被動的行為；反而是再次劃設排外界限的主動行為。

吊著澳洲野犬的樹更進一步放大了痛苦。戰利品的展示彷彿是要求受害者承認，牠們所受的傷害能為這世界帶來正面的貢獻，無論如何，牠們的痛苦與死亡都是獵人引以為傲的戰績。這種展示不免使我們想到，其實我們的歷史盡都充斥著權力的展示。最廣為人知的應該是十字架的苦難，但這部分之所以複雜，在於十字架的苦難竟然在那之後成為死亡與權力之間各種關係想像的範本。在這脈絡底下，權力被視為更大的善。吊著澳洲野犬的樹，彷彿將黑格爾的歷史屠宰場擺出來放在路旁，形同立了一塊贏家與輸家的計分板。戰利品也因此變成「孤芳自賞的鏡子」[4]，顯示出獵人自命不凡的道德優越感；因為他們的存在，使世界更加美好。

我在不斷研究老提姆·以寧加雅瑞和伊曼紐爾·列維納斯的哲學時，不僅著重在與屍體面對面接觸，也會特別注意到驚恐地問苦難發生時上帝到底在哪裡的哭喊聲。我聽到自己發出的聲音；但那驚恐的哭喊聲音卻逐漸離我遠去，為的是在人面對不可挽回的傷害時，感覺到他者和自己都消失之後，能將那連結喚回。

親緣關係

在原住民關於創造的故事中，大地的生命總是不斷誕生與流轉，創造是傳命的造物者的工作，他們從地底冒出，一邊行走一邊創造揑出大地的樣貌（見第二章），然後回到地面，因此我們現在行走的地面就是生命的泉源。此外，地表也接納死亡，大地本身就容納了死亡與生命之間的活動，並成為這些活動的養分。

跨物種族群的親緣關係真實存在於血肉之中，族群中任一部分所遭遇的，必然對其他部分造成影響。連結性使這些關係變得脆弱，也變得變強健。（無論人與非人）無一能夠獨自存活或滅亡，也無一能夠倖免於他者的痛苦之外。澳洲野犬屬於傳命的創造，或族鄉生活圖騰的一部分，因此也屬於聖域，並有許多路徑、聖址、故事、歌謠、圖案與儀式。凡澳洲野犬之傳命的創造者行經之處，都會成為某群人的族鄉路徑與聖址，而那一群人就是所謂的執法者。執法者維持澳洲野犬的生命與律法，而澳洲野犬族人首先應該負責的對象是同胞，以及聖址、歌謠與儀式。澳洲野犬祖先並非只有一種，人類的祖先亦是如此。我曾與已故的安扎克與赫克托一起生活，他們是兩兄弟，也同屬澳洲野犬族群。他們敘述自己的祖先時，說牠們是兩隻澳洲野犬，各有不同的人名，並形容牠們「有張白晰的臉，戴著白色的項圈，四隻腳也穿著白色的長襪。」[5]

我站在這株死亡之樹面前，忍不住想到安扎克與赫克托兩人。我看著地面，也看著蜷曲的腿骨和脊椎骨，想像著血不斷滲出，最後可能凝結老提姆、安扎克與赫克托經常回應的那聲悲鳴，只因為牠們是自己兄弟的守護者。

人類的誕生

老提姆這一生中曾經歷過大屠殺和種族滅絕，這些遭遇都是我很難想像的，此外，他也曾在幾乎等同奴隸一般的環境底下工作，過著幾乎沒有人權的生活，更受制於僅將人納入倫理制度的社會。從一九〇五到一九七〇年數十年來的漫長歲月中，他都堅守自己的律法，並以自己的方式在自己的族鄉裡生活。

眾所周知老提姆養的狗多到數不清。牠們都是養在營區的狗，外型與類型都平凡至極，與老提姆之間卻是情深義重。老提姆特別喜愛的一則故事，與他有一次與妻子瑪麗·魯頓迦利（Mary Rutungali）被困在灌木叢的事情有關。他們當時在鄰近的大古拉谷（Daguragu），距離雅拉林一百公里之處，因為沒有人願意載他們回家（或許是因為狗太多的緣故），所以他們只好靠著走路，帶著狗兒出發橫越整個族鄉。當時大約是一九七七年左右，夫妻倆都已經七十幾歲了。走到某個時候，老提姆腳開始不聽使喚，只好在一個有水的地方紮營，等待雨季結束，靠著狗兒打獵得來的食物才得以活命。後來有幾個白人發現他們，想知道他們是誰。老提姆不直接回應他們，這倒是很符合他的風格。他與白人討厭鬼對話時故弄玄虛，小心翼翼地避免說出自己的遭遇，講到這裡還開心地狂笑。白人問說：「你是哪裡的人？」老提姆回說：「喔，我是從沙漠族鄉來的；從谷地族鄉來的；也是從鶯飛草長的族鄉來的，那你呢？」話語中帶著明顯後殖民的批評意味。繼續這樣聊了一會兒之後，那白人最後說：「我覺得你是個瘋子。」老提姆也給故事下了個總結：「那個白人覺得我們很好笑呵！」

老提姆憑著（間接透露於他和白人討厭鬼的對話中）在地知識權威，以幽默的口吻述說著創造的故事。他的故事詳明，充滿求知的熱情，使我們明白人生的重要意義。如果哲學的目的在於尋求「世上最重要的事」，那麼他所說的故事就直指哲學的核心。[6] 老提姆說，人和狗原本曾是同一種生物：

> 我們從地上長出來的時候，有著像狗一樣長長的鼻子。狗傳命來這裡看了看之後說：「呵，你做錯了啦！」傳命竟然造出了長長的鼻子和大大的嘴巴，把整件事都搞砸了！於是創世的始祖接著動工改造他們。他喚來一隻小蝙蝠醫生，蝙蝠對他們說：「你們來我這裡。」他們想要一顆圓形的頭，不喜歡自己的頭像狗一樣，因此蝙蝠用蜂蠟造了圓形的頭；然後搞定他們的生殖器；女生有了外陰，也重塑男生的性器官；從此陰陽有別。這些都由創世的始祖所完成，如今一切都是好的。

他述說的那則造物主創造人的故事，與其他傳命的故事相互輝映。老提姆述說的是全世界和全人類的歷史（見第一章）。狗是每個人的祖先與血親；澳洲野犬是原住民的父母，白色的狗則是白人的父母。

死亡的陰影

帶領以色列人出埃及的上帝並未造訪「奧斯維茲」。「上帝在哪裡？」的問題如鬼魅般縈繞著西方世界，並深深影響西方學術研究。[7] 人面對極為可怕的人為大規模死亡時，卻無法感受到上帝的同在，這對於上帝與人類而言是極為嚴重的問題。伊曼紐爾．列維納斯歷經第二次世界大戰、納粹集中「營」的監禁、失去家人的痛苦，雖然最後博得法國知識分子的美譽，但無論是他或老提姆的經歷，都是我難以想像的。與大屠殺的倖存者法肯海穆及魯賓斯坦（Richard Rubenstein）等偉大神學家相較之下，列維納斯的作品並未明顯側重「大屠殺」的探討。相反地，他的文字與杜斯妥也夫斯基的「伊凡」相互呼應，他說道：「若要說我曾經想到猶太人的話，就是上帝讓納粹為所欲為的『奧斯維茲集中營』。所以最後到底剩下了什麼？若非意謂著我們無須依循道德，每個人都可以像納粹一樣為所欲為，否則就是代表道德規範仍具有權威的地位。……經過這次道德的淪喪之後，我們是否還能繼續針對道德高談闊論？」[8]

在討論權威還留下什麼的問題之前，我想先再次簡短地探討巴比的文章。我雖然不斷思考，卻仍被攪得心煩意亂，並仍舊無法接受列維納斯的沉默。上帝禁止狗在出埃及那晚發出聲音，代表狗在上帝帶來恐怖氣氛的那晚見證了殺戮的發生，牠們可能隱身於黑暗之中，透過沉默而非聲音來溝通。一個沒有聲音、隱藏自己的見證者，可以幫助我們想像列維納斯為何會批評上帝與納粹明顯相互勾結。在我們的記憶中，巴比從未做過納粹所做的事，牠既未擔任殘忍的警衛，也未冷漠旁觀；列維納斯所暗示的是兩方陣營的聯手，一方是上帝與納粹；另一方則是巴比與囚犯。但列維納斯最後仍舊拒絕了巴比，因為牠沒有概化行事準則的智慧。有時我會好奇，列維納斯是否知道自己也沒有概化行事準則的智慧。在那「什麼都不是」的地方，「上帝容許納粹為所欲為」[9]，共通性又能發揮什麼作用呢？根據「什麼都不是」的某處經驗所獲得的行事準則，有什麼值得理智發揮之處呢？巴比背後那拉長的陰影代表的不是權威，而是保護的力量。在那保證安全的陰影之處，有著異常複雜與圓融的見證空間。這隻乖巧的狗兒拖著又黑又長的陰影，庇護著每一隻在暗夜中見證的狗兒，當然也包含列維納斯。

回到問題的文本分析來討論，澳洲哲學家麥可．法吉布萊特（Michael Fagenblat）曾撰文提到，列維納斯的倫理「基本上所根據的都是隱藏在那張臉背後的實權，可能是上帝；或是不具人格的『第三方』。」[10] 列維納斯透過關係的路徑，來處理這個問題，並於探討馬丁·布伯的文中說道：「自我不是實體的物質，而是關係的組成。」[11] 列維納斯認為，許多思想家都認同物質對比關係這套特別的公式，他本人似乎也表示贊同。隨後我們看到的是，他推崇關係的同時也拒絕接受西方的原子論思想。沒有所謂「單獨的自我」，只有「自我－他者」的關係。強調關係比實體重要，暗示我們漸漸地不再強調內在本質的自我，而是轉向更開放、可分享並重視關係的自我。然而，如同本書第三章所述，列維納斯認為「他者」既抽象又獨斷的觀點，容易引發任何一個自我，其實都是脆弱的實體存在問題。

我們或許可以在此稍事休息，來思考「自我不是物質」背後的意義。人在大屠殺之後，自然會對「生物性的實體」（biogenetic substance）的範疇特別小心謹慎。列維納斯明確反對種族歧視是「一種生物學概念」的看法。[12] 即使這是事實，我們也不能否認，生物性的實體的概念經常被用來支持人與非人之間的分界，一邊是具有生命價值的人類，另一邊則是不具生命價值的其他生物。歐洲文化數千年來都將生死議題投射到身體層面，並以我們稱為「種族」的範疇來定義生命的價值。[13] 若這世界以物質實體作為決定生命價值的標準，那麼由實體定義的自我，必然會落入可怕的危險境地。因此，強調關係而非實體完全是可以理解的。但如同伊瑞葛來指出，關係若是從實體中抽離出來的概念，我們也可將之視為另一種暴力。「他者」本可以召喚我們，引領我們回到自我，卻因為經過抽象化的過程而成為空洞的抽象範疇。法吉布萊特也指出，列維納斯提倡的倫理學容易變成空洞的思想，認為他「最後提出的『倫理學』冰冷無情又極為刻板，雖然轉化為純理論，卻衍生出更大的風險。」[14]

針對「上帝在哪裡？」的問題，列維納斯的回應是：我們可以在關係中遇見上帝，這句話並沒有錯，但事實是：我們只能在關係中遇見上帝走過的痕跡。無論是他、她或它，上帝本身都已退到我們之外的超然境界。明明列維納斯筆下抽象的上帝已形同不存在，卻要我們回應那張與活生生的身體分離的抽象臉孔。我們其實可以將那張抽象的臉想像成一張面具，也可以想像那張面具的背後，藏有那六百名死於集中營的受難者，因為他們正是列維納斯窮畢生之力所面對的他者。若我們試著將他的著作視為倖存者的作品，或視為哲學與神學思想的正文，就能變成猶太教冗長的祈禱文「卡迪什」（Kaddish），來為死者以及放任這些事情發生的上帝送葬。「自我不是實體的物質，而是關係的組成」：若我們想像在列維納斯生活的世界裡，喚醒自我的「他者」其實是「鬼」的話，就能理解或許世上並沒有所謂的「實體」可以與之連結。我們可以想像，如果人在關係中僅能對上帝匆匆一瞥，那是因為上帝正火速拔腿離開，或許祂將永遠離開這世界；或許是為了陪伴死者；又或者祂本身已經變成了鬼。

列維納斯遵守的第一條誡命是「不可殺人」。[15] 他對著即使是屍體也遭焚毀的大屠殺死亡世界喊話，同時也回應了亞伯的血從地裡發出的呼喊。因為列維納斯拒絕扮演該隱的角色，所以即使在死亡中，他也必須不斷回應他兄弟的呼求。人殺死他們，正是為了阻斷他們族人的未來，並使他們不論生死都遭抹除。[16]

聽到他們召喚的自我被拉進了殘存的關係中，也聽見那失去實體並遁入虛無之中的呼喚。活著的人想要呼喚他們，求他們回來，並永遠記得他們。他們因雙重原因致死，使在倖存者世界中的我們也欠了雙倍的債。因此這些唯美修辭都像鬼魂一樣缺少實體，但也充滿了愛，浸潤在淡淡的哀傷之中。列維納斯的作品為那些難以想像的殘酷事實提供了證詞，包含那些消失的身體、消失的生命、消失的死者、消失的人性以及消失的上帝。

野狗

老提姆曾提及澳洲野犬創造人類的故事，他說澳洲野犬造出原住民，白色的狗造出白人，所以這是屬於全人類的故事；也談及狗對於人狗之間沒有禮尚往來的現象感到不解，並因牠們遭受的對待感到傷心，「我創造出男人，也創造出女人；但你們今天卻離棄我，將我丟在垃圾堆裡。」（見第六章）老提姆熱切地說出這段話：「他是真神！神就是人；是主耶穌！」似乎是要使人理解互惠的重要性，我則認為這是他所提出最大的挑戰之一。

老提姆透過這句話，告訴我們神就存在於這大地上。因為神是人，人又是狗的後代，因此神是狗的後代。其實我並不曉得老提姆口中的「神」所指為何，但神是人的說法使基督教紮根於地，並將神擺放在我們中間，與我們同為地上所生，而不是天外之物。神也是野犬族的人，同是「狗娘養的」孩子，與我們同在地上活出盎然的生機。

老提姆從未涉入至高、超然一神論的想像裡面，精讀他的文字我懷疑他根本不曉得自己的話具有多麼深奧的神學意義。其實我並不是說他在建立一種神學，而是無論他提出的概念為何，他都以此為樂。因此我希望能秉持他熱情的精神，一直滔滔不絕地說下去，樂此不疲並將他的話稱為「狗學」（dogsology）。

身為人的神像人一樣活著，也像人一樣死去，並順從澳洲野犬的法則回歸。人與動物在法則中輪迴，若不先回歸以另一種動物的身分活著，就無法再次變成人類。故此我們接受挑戰，向澳洲野犬、袋鼠、巨蜥、鳥與鱷魚這些神明敞開心胸（見第七章），如此才能逐漸擺脫法肯海穆描述的那種神學窘境，他的論述令人折服，雖然簡潔卻又微妙。他認為，超然的神是無意義，因為萬物皆不可及的；但同樣地，臨在的神亦然，因為萬物皆可及。[17] 這兩種想像都奠基於潛在的單一性，神若非全然的「他者」，就是全然的「萬有」。萬有在神論主張神既是超越又是臨在的神，似乎能成為這兩種極端之間的橋梁；里格比（Rigby）巧妙分析萬有在神論，及其在歐洲浪漫主義想像的脈絡中所占的地位，都指出了「交會點」的存在，[18] 儘管如此，我仍十分小心翼翼，避免落入單一性概念的陷阱中。老提姆的「狗學」打破了兩邊想像的單一性。主張神是人，意即主張神亦在「人間處境」之中。神有時是人、有時不是；有時聰明、有時則否，經常充滿不確定的元素，我們無法隨時確知哪個人或動物是神。若神既非完全，也不是任何一個被造之物，並經常變換形體的話，我們就需要神學上的預防原則。因為無法隨時確知哪個人或動物是神，所以我們需要考慮到任何生物都可能是神的智慧。

我們若細細咀嚼老提姆的「狗學」，就能接觸到奧秘。他並不是說人或一切生靈都是神。誰才是神或神在哪裡，絕對是目前無法回答的問題。當然，既然任何人都可能是神，我們就可能是神，老提姆也可能是神。我們只知道神在生命系統的某處。相信量子是神的主張，企圖將神完全固定在我們永遠也無法摸透的系統當中。但當我們細細閱讀「神是人」的小故事時，就會看到神不斷新生的可能性，而不是逐漸遠去的背影。在老提姆的「狗學」中，「你在哪裡？」這種驚惶的哭喊可能以不同形式出現。站在這棵死亡之樹面前時，人的問題可能會是：「親愛的神，這是你嗎？」隨著問題逐步形成，人也會更加清楚這一切都太晚了。人在這棵吊著澳洲野犬的樹上看到的，確實可能是神遭殘忍殺害的事實。同樣地，人也會看到滅絕如何大大扼殺了神和我們大家未來的可能性，因為生命從此再也沒有後代。[19]因此雖然神可能遭到殺害聽起來是件可怕的事，但老提姆的「狗學」卻相信神死了仍會回來，而且不管死了幾次也仍會回來。在生命仰賴死亡的世界裡，神也必須死亡，因此死亡不是神的敵人。但現今一連串的事件，已經構成地球上第六次大滅絕，也扼殺了神的未來。今天問題不是「你是神嗎？」而是更不堪的問題：「身為的神的你還有辦法不斷新生嗎？」

滅亡

研究創傷的傑出學者瑪麗亞·圖瑪金（Maria Tumarkin）告訴我們：「這世上不可能發生滅亡。」。她引用塞拉耶佛作家塞梅斯丁·梅梅迪諾韋奇（Semezdin Mehmedinovic）的話，他說：「族鄉金庫的外殼剝落之後，會呈現特殊的石頭浮雕，換句話說，真相唯有在粉碎之後才能展現出全貌。」[20]懸吊澳洲野犬屍體的樹是滅亡的現場，也是人為滅絕這場大災難的一小塊碎片。殘缺的屍體所見證的其中一個事實真相，就是動物必須證明獵人在殺戮中的虛榮心。

我想要更瞭解這棵樹上「異果」的外皮去向，而這又得仰賴潔西卡的指引。潔西卡及其家人常去附近釣魚，因此她建議我造訪維賈斯伯（Wee Jasper）當地一間雜貨店。牆上掛著澳洲野犬、狐狸和狗的皮，澳洲野犬與狗的皮同屬一類，售價一百元（澳幣），狐狸皮售價四十元。店裡除了這些動物的皮之外，也販賣冷飲、冰淇淋與其他雜貨。我詢問年輕的櫃臺小姐，瞭解這些皮是否銷量很好，她回答「沒錯」。我又問她是否知道大多數買家的動機，她微微顫抖著說，應該是想買回去掛在家裡的牆上展示。

狗被肢解後，毀滅也從這棵樹開始向外蔓延。每當我們遇見不完整的屍體，就好像與殘缺的自我和殘缺的關係正面相遇，也可能一而再、再而三地面對面碰上殘缺的神。我們眼見人與其他動物之間這類不公不義可恥的暴力事件一再發生，明白人類有親眼目睹並付出行動的責任，也必須瞭解澳洲野犬是瀕危動物，以及今日的我們正處於滅絕充斥的時代之事實。

被毀損的澳洲野犬屍體強迫我們正視可怕的事實，澳洲詩人波亞爾（Peter Boyle）曾說過，我們應該想像狗或許可以：

> 他們在嗥叫聲中向繁星致意，也超越我們。碰觸到我們不可及之處。
> 無言的嗥叫聲，使哀悼變得更加眞實，我們卻如此笨拙，不願放棄說話的能力，也注定達不到眞實。
> 這些必須面臨滅絕威脅的狗，不過是我們的先行者。牠們去的地方，我們也

將尾隨其後，牠們從那裡發聲，而我們只是還沒學會呼應的回音。[21]

那聲呼喚是全家在夜間吟唱的美麗和聲，解答了我們直接目睹親屬殘骸屍體時所面臨的問題。在我們之前，必然有神或某位先行者，先來到那棵樹上或站在那裡；必然有某位先行者浸淫著這世界，並受到凜冽的冬風摧殘；必然有某位先行者被掛在早餐麥片的上方販售，或被當成家裡的擺設。這些屍體不是用臉呼喚我們，也從未用抽象或象徵性的臉來呼喚，而是用赤裸裸的身體、用他們的皮和血，還有白色的「襪子」呼喚著我們。

我們是見證人，且當我們深入研究關係與實體的倫理，或逐步接受量子神的不確定性時，也可能因此落入在廢墟中仍保持信心的巨大引力之中。

第十章　如世界般狂熱

我從原住民老師身上學習到如何經驗這世界的不確定性，因為在這變化無窮與流動的世界裡，萬物大多不是表面所見的模樣。老提姆·以寧加雅瑞透過古怪又滑稽的故事，幫助我瞭解不平凡的生靈所擁有的智慧，如何使他們可以做出一般生靈無法做到的事。這種智慧的概念暗示平凡的生命有其限制，並主張某些動物有能力超越這些限制。老萊利的趣聞是我最愛聽的故事之一，他在多年前就已過世，因此我無緣見面。他有次在離家遙遠的國外旅行時，殺了一隻牛果腹。此時他突然察覺到有警察尾隨於後，也知道人若宰殺牛隻會被判刑一年，所以將自己變成一隻鳥。確切來說，他將自己變成老鷹，並飛回自己國中的家。知道這故事之後，你就會問：你看到的這隻鳥，到底是鳥還是人？

老萊利這類故事中描述的不凡力量，不斷挑戰我的理解極限，但對於西方主流科學來說，即使是十分平凡的原住民也極不平凡。包含國中的一切生靈都時刻提高警覺，隨時注意目前世上發生的事，並努力瞭解各事件之間錯綜複雜的關係本質，因為他們在這些事件當中既是觀察者，也是被觀察者，而我則透過日常互動學到這些功課，其中一個例子，就是我與寵物鳳頭鸚鵡之間每天相處的經驗。我經常在吃完早餐後與鄰居坐在火堆旁聊天，並看看這世界的多采多姿。每天早上我的鳳頭鸚鵡都會飛到外面，想要加入灌木叢中的其他鳳頭鸚鵡，但每當牠飛到樹上，其他鳳頭鸚鵡就會振翅飛走，留牠形單影隻。我對於這隻從小就被人捉回來，現在想回去原來的世界尋找同伴的鳥兒有著無限同情。但我的鄰居卻分析起其他鳥為何會全部飛走的原因，最後他們認為，牠們應該是因為聽過這臭屁的傢伙說英語，就以為牠一定很聰明。[1]

聰明才智存在於各個物種之間，因為鳥或許是人，也可能是隻聰明的鳥。活在充滿不確定性世界中的我們，必須明白人類不是大地上唯一有感覺的存在。因此，我們應該透徹地認識他者，如此才能分辨人類、甚至一切萬物之間的平凡與不凡。除此之外，我們也必須隨時保持專注，因為過去的人不斷提出各種問題：這是什麼？發生了什麼事？如果形體隨時都在改變，如果蓄意的行為隨處可見，我們在認識他者的同時，就必須特別關注相關行動與事件，找出常軌並建立可能的連結。聰明的人在這瞬息萬變的系統中，肩負著尋求知識的重要任務。他們與老人和智者都十分明瞭各種常軌與脫軌的模式，他們知道平凡與不凡的定義，更深知大地生命的本質包含常軌與脫軌、變與不變以及秩序與意外。

穿越時光隧道並非難事，但確實需要一些想像力。讓我們回到一九三六年的巴黎，存在主義哲學家列夫·舍斯托夫閱讀人類學家呂西安·列維—布留爾（Lucien Levy-Bruhl）的新書之後，為部落族人經驗到蛻變與不確定性的世界狂熱著迷，使這世界倏地燃起知識的火花。列維─布留爾舉了一個例子，來說明體現更大真實（對應西方科學定義的真實）的經驗。舍斯托夫欣然接受了他的說法，並在數篇出色的文章中，論證身體、誕生和時間的意義，當然還有在無常的世界中體驗生活的重要性。

流亡的俄國人舍斯托夫和巴黎學者列維─布留爾，兩人年齡相差不到十歲，且都於二戰結束後不久過世。如果當時留在巴黎，兩人都可能受到納粹統治，也可能都死在集中營。列維─布留爾一八五七年生於巴黎，原來研究倫理學，後來逐漸轉向人類學以及當時稱為「原始」人的原住民研究，最後成為索邦（Sorbonne）的民族研究學院創始人之一。當時列維─布留爾堪稱「人類學的第一把交椅」，並與弗雷澤爵士（Sir James Frazer）和別人一起研究受到達爾文物種演化理論影響的文化演進概念。列維─布留爾的思想在晚年發生重大的轉變，從演化的框架變成更基進的觀點。[2] 正如我們後來看到的，使舍斯托夫感到興奮的，正是列維─布留爾思想中較為基進的部分。

列維─布留爾對於他歸類為「原始」方面，以及研究人類學家田野調查研究的著作中所發現的思想，都有著濃厚的興趣。他主張部落族人經驗的自然是流動的自然，他們所經驗到創造的力量，則是流動與不斷變換形體的過程。他寫道：「無論是生物或無生物，都不會只有單一形體」，並且「異常是一種常態」。[3] 列維—布留爾的想法與他引用的某些專家不同，並不認為當地人的智力較低。他確實想要瞭解各種不同的思維，並在傳達他知識的過程中，描述了我們今日所稱的「詩一般感性」：「他們的形而上學都是自然發生的，是經常經驗的一種真實結果，那種真實遠遠超越普世的共同本性，卻又時時存在並活躍其中。」[4] 列維—布留爾以「前邏輯」來定義他極其努力要瞭解的思想，他不再將字首的「前」視為演化順序的詞彙，而是想要指出另一種奠基於不同原則的思維，他特別想要描寫的，不是用來爭論中心思想矛盾的一種邏輯。[5] 以我們今天的語言來說，描述「既……又」（both-and）的邏輯才是他的企圖，那是一種連結的邏輯，而不是排他的邏輯，也是以差異構成關係的邏輯。他將之稱為「共享律」。[6] 大衛·亞伯蘭的表達極為適切，他說：「列維—布留爾使用『共享』一詞來描述口傳的原住民萬物有靈的邏輯，因為對他們而言，表面看似沒有生命的石頭或山脈等物，其實都是有生命的；他們相信若大聲唸出某些名字，只要在遠處就能影響那些名字所代表的東西或存在；在他們眼中，某些植物、動物、地方，或者某些人、某些力量，似乎都共享、參與了每一個存在，彼此互相影響。」[7]

舍斯托夫一九三六年發表一篇論文，探討列維—布留爾的《原始神話》（*La mythologie primitive*）。舍斯托夫特別興奮的是，列維—布留爾竟敢主張，西方哲學可以藉由認識部落族人的思想來自我批判，他說道：「研究原始人的靈性世界，使他推理出一個更困難與嚴肅的問題：『……難道我們每一個人都不應透過從』這些部落族人『所學習到的來檢視我們對於真理的認識嗎？』」[8] 他透過這個問題，徹底顛覆將人推向成就高峰的現代西方歷史。舍斯托夫與列維—布留爾並未將「原始」視為遠在千里之外的祖先，反而尋求對話，因為他們基本上認為學習可以朝多元方向發展，他者的見解也許可以幫助我們理解，或甚至克服我們思想的某些限制。但這很容易發展成所謂的浪漫主義，以為他者具有受文化禁錮的我們所缺乏的洞察力。根據浪漫主義的想像，原始人如同小孩，相較於文明人或成年人，更能清楚看到事實的真相。然而根據我的理解，舍斯托夫與列維—布留爾兩人都不會執著一種二元對立的浪漫思維。舍斯托夫提出的問題與他一再批評現代社會的論點有關，並認為接觸西方現代社會之外的人，有助於擴展現代性的狹隘思維。列維—布留爾駁斥他的觀點無形中採取原始與現代那種「非此即彼」的對立思維，反而指出常態模式、重點的強調以及脈絡有助於闡明思想中的差異。

不論如何，列維—布留爾筆下描述那更大的真實，激發了舍斯托夫最寶貴的思想，因為他十分積極提倡某一種「狂熱」，鼓勵人在生死無常的世界中，認真活出某種具體又腳踏實地的生命，充分去感受，全心去投入。舍斯托夫的狂熱，是一種忠於無常、流動與不確定性的信仰；但人若執著於所謂的永恆與亙古不變的話，這種狂熱也可能變成一種瘋狂。他認為主流西方哲學傳統過於執著他們認為永恆與亙古不變的價值，因此漠視了真實世界中生命的無常，而這正是西方哲學傳統的問題。

想像一下，如果聰明的老提姆和舍斯托夫、列維—布留爾一起坐在營火邊聊天，應該會好奇他們為何如此大驚小怪，因為他們眼中外來的世界觀，其實是他習以為常的現實生活。讓我們加入這兩位巴黎人，一起坐在火堆旁。為了讓對話的進行，我們也邀請了諾貝爾獎得主普里高津，以及唐娜·哈洛威、馬秀絲和普蘭伍德等其他女性主義思想家參與。也因為哈洛威走到哪裡，小辣椒也跟到那裡，所以會有狗兒之間發生跨文化的交流。這群思想家聚在一起聊天，就必然會談到爭論的重點，但我有興趣的是，他們擦出智慧的的火花，如何更進一步使我們瞭解不確定性、生命、愛、死亡與倫理。

老提姆的故事大多幽默風趣，逗得大家哈哈大笑。其中一個他最喜愛的，說的是他抓住彩虹蛇，救了一個白人性命的故事。此時我們會打斷他，請他告訴我們什麼是彩虹蛇，他解釋說彩虹蛇住在常年有水的深潭裡，是一條非常大的蛇，也是掌管雨水的「老大」。老提姆說，他以前年輕時，有一次看到白人在水裡掙扎，立刻跳入水中與彩虹蛇搏鬥，把這傢伙從混亂中救出來，拉上岸，把他弄乾，生火暖和他的身體，並等他甦醒過來。那人睜開眼睛，搖了搖頭，臉上一副不知所措又困惑的表情，而提姆在火堆的對面凝視著他。那人以白人與原住民之間長久以來從未有過的真誠語氣，問道：「剛剛發生了什麼事？」

他前一刻才與彩虹蛇搏鬥及英勇救人，下一刻就是兩人對坐在火堆旁：一邊坐著提姆，一邊坐著表情木然的白人。其實那人只是想要知道究竟發生了什麼事，但老提姆說到故事高潮之前早已捧腹大笑；因為他當時的回答是：「我不知道。」並且每次說到這故事時，都會笑到不能自已。

提姆的故事確實發生於殖民時期，因此我們不難想像他為什麼如此享受拒絕白人的要求這種大權在握的感覺。但故事的意義不僅如此，我問提姆為什麼不告訴那人事情發生的經過，他說事情本來就不是這樣。他神祕兮兮又答非所問，確實可以拿來應付天真的人類學家，但或許重點並不在於誰提出了這些問題。救人一命是一回事，想要知道事情經過卻又是另一回事。彩虹蛇為什麼要抓那個人？事情發生的原因為何？為什麼他會適時出現，與彩虹蛇搏鬥，救回那人的性命？那人意外獲救之後，會如何繼續活出他的人生？更大的問題是：為什麼有些人得以存活，有些人卻會死去？為什麼有人能從死亡手中將生命奪回？這故事的意義遠遠超過老提姆自以為理解的範圍，我們承認這世界的多彩多姿，遠遠超過人類所能想像，或許也正是這種限制，使提姆不禁心情愉快地縱聲大笑。當然那人臉上的表情必然滑稽無比，但也顯露問題的嚴重性：人竟如此愚昧地想要知道不可知的事情。老提姆是名副其實的聖愚者，這樣的聰明人認為，那人既然問了一個荒唐的問題，提姆也只好給他一個老實不着邊際的答案。

普里高津對於這些形而上的限制略知一二，他說自己的研究經常引來許多敵意，以前年輕時就曾與相同領域中其他資深的科學家「搏鬥」。他於一九四六年在一場研討會中發表論文時，有一位「熱力學領域的翹楚」提到他時曾說道：「竟有年輕人對於非平衡的物理學有如此大的興趣，真是太讓我驚訝了！不可逆熱力學變化無常，他為何不像別人一樣，等著研究熱平衡就好？」普里高津十分無言，他若認識老提姆，定能氣定神閒地回以不著邊際的答案：「我不知道。」事實上，很久以後他才委婉卻激動地為真實世界辯解：「但我們每一個人都是無常的，有興趣瞭解人類共同的處境，難道不是件正常的事嗎？」[9] 我們共同的地球之所以逸趣橫生，部分原因在於尚未發生的絕對比已經存在的更加令人讚嘆。以科學術語來說，不確定性打破了時間對稱（見第四章），因此「可能發生的比存在的更充足有餘。」[10]

普里高津與舍斯托夫兩人的觀點都與柏拉圖相反，柏拉圖將真理與存在結合，因此也與「超越變動的不變實體」（unchanging reality beyond becoming）結合。[11] 有人或許會說，恆久不變之所以美，是因為確鑿的特性以及可預測性。普里高津主要研究的是不確定性，他當時正處於西方思想重要轉變時期的尖端，並強烈捍衛不確定性的觀點。不確定性更進一步所影響的，是承認這世上沒有全面、完全的知識，這世界的潛能絕對超越想要求知的心靈或知識系統。

澳洲學者普蘭伍德一直安靜地坐著，但此刻卻不得不插嘴。她探討柏拉圖、死亡與現代性的文章都很有說服力，並企圖建立死亡與確定性之間的連結，她希望可以在這場對話中提出一個重點，即在西方的思想中，很難找到肯定生命的死亡論述。普蘭伍德知道即使死亡當前，柏拉圖仍努力想要發展一套證實永生存在的生命論述。他提出「身體—靈魂」的二元論，認為靈魂永恆存在，從不改變，身體則屬於不斷變化且必死的自然世界。因此柏拉圖可能會主張，人類的功課就是學習如何克服自然的制約。柏拉圖得出的結論是，有個另一個世界的存在可以消弭死亡。按普蘭伍德的話來說，即：「柏拉圖的哲學……不僅貶低自然，更極度反生態、反生命。」[12]從柏拉圖到基督教都維持相同的概念：生命的意義不在這世上，而是在天上的繁星之間，靈魂才是真正的自我所在，因此我們必須超越無常的世界和死亡。

普蘭伍德繼續指出，世俗的現代性否認另一個世界的存在或靈魂在天上的復活，衝擊基督教與柏拉圖的世界觀。但現代性除去宣稱能履行或理解生命與死亡的內容，卻未提出其他不同的概念取而代之。事實上，她鉅細靡遺論證的是，現代性根本無法建立肯定生命的死亡論述。[13]

普蘭伍德對於死亡的探討，使許多人興奮起來，老提姆急切地想要分享他父親過世的經過。他的妻子瑪麗．魯頓迦利也一起加入這圈子裡，分享這個故事：

提姆：他們把他放進墳墓裡，你聽我說，你知道那個很大的坑吧？那間店旁邊那個很大的坑，就是凱瑟琳商店旁邊。你有看過嗎？

黛比：我知道。

提姆：那就是我老爸的墳。

黛比：喔，是喔？

提姆：後來他爬起來，爬上了彩虹。

黛比：他爬上彩虹？

瑪麗：沒錯，他爬上去了。

提姆：他當時跟水牛獵人一起去達爾文的「馬拉凱」〔牧場〕。我有去過那裡。我老爸那時還活著，他在〔凱瑟琳〕那裡過世，後來那道彩虹出現之後，他就飛上彩虹。他那時眞的在那裡，正準備去達爾文。你也知道我老爸，他眞他媽的太聰明了，聰明到不行……他先去馬拉凱，然後就待在馬拉凱附近，我從這裡出發。我老爸跑來〔達爾文的原住民保留區〕波格特，……帶我跟著水牛獵人一起去馬拉凱。……後來我媽和每個兄弟都來了，他們來看他。我媽跑去爲我老爸痛哭，我老爸卻爲我痛哭！結束。[14]

我仔細聆聽著，想瞭解老提姆的故事如何使我們明白，過世是形體變化的經驗，是從生命過渡到生命的過程。並非每個過世的人都「真他媽的太聰明了」，也並非每個人都會「爬上彩虹」，但提姆對於他父親過世的描述，與我在當地聽過的每一個過世者的故事一致。人過世之後，仍會有某部分的生命在這世上繼續活著。

聽到這類故事使我們不禁直打哆嗦，更往火堆靠近一些，此時舍斯托夫也變得欣喜若狂。這就是將死亡的發生回歸生命的詩學（poetics），在生死輪迴的變形循環中，生命與死亡互相搭檔，在誕生與臨終地帶之間轉移與回歸。舍斯托夫經常撰文抨擊西方哲學的「空無」，因此當他聽到老提姆的故事所提供的「答案」時，感到興奮不已。對於舍斯托夫這類存在主義者（無論是否篤信宗教）而言，「空無」陰影的籠罩從未離開，現在卻於某一則故事中，聽到死亡如何續留在大地上，並將死亡視為轉化的過程，使死亡和生命持續對話。這種生命與死亡的論述，將焦點擺在這世界上。人的生命在誕生之前就已開始，雖然死亡必然帶來悲傷與失去，卻不會產生空無。舍斯托夫此時思考的是，應如何正確描述這種「中界地帶」，唯一確定的是，這中界地帶絕非「虛無主義」思想假定的那種「空無」的隔閡與裂口。

舍斯托夫尚未針對現代性發動另一波攻勢，小辣椒就已開始高興地汪汪叫，或許是因為感覺到唐娜的欲言又止。哈洛威與小辣椒一直以來都在敏捷性訓練的過程中一起認真學習與玩耍，並進入彼此交會的「接觸地帶」。為符合此處研究探討的需要，唐娜重新定義了海德格的「開敞世界」。對於海德格而言，開敞世界是人在理解所有世界意義之後，可以拋開情感的束縛，並直接面對那創造至高「存有」的空無之處自由自在地交會。海德格主張，雖然實際發生情形並不清楚，但人確實能在這空間的範圍內接近他者。哈洛威指出，海德格企圖尋找無須受制於任何人為伎倆的交會，但代價就是「令人極度厭煩」。[15] 但哈洛威認為開敞的世界是彼此互相交會之處，此處的「彼此」指的是其他動物，創造出不可思議的相互溝通理解：「此物與此時，都代表了我們是誰，以及我們是什麼。」[16] 我們或許可以將開敞世界想像成某個地帶，或是某種過程。哈洛威則在她妙趣橫生的人類與動物研究中，使用「接觸地帶」一詞來描述這樣的空間。她認為這是充滿偶然與開放的世界，而我們與其他生物和無生物，都共同參與在世界塑造的過程中。我們是什麼樣的人，以及這世界塑造或毀壞的可能性，都形成了彼此之間的互動；我們行動的過程中，也開拓了上述兩者的可能性。

我與舍斯托夫都對於「空無」抱持保留的態度，並與其他許多學者一樣欣然指出，若人接受包含整個世界的宇宙皆「空」的說法，「空無」也就成了人唯一可能的起源。心智／物質的二元對立造成如此多悲傷，但哈洛威的重點不在於論證某些特定術語，而是肯定並提升生命，使之相互連結、沒有階層的世界塑造過程。

舍斯托夫一而再、再而三地闡明我們對於這真實世界的理解，早已因篤信確定性而嚴重扭曲。他認為「死亡」或「殺害」，即是「殺害」人內在的「求生意志」，並失去自身人格的表現。[17] 此時我們想到的可能是一種精神上的死亡，貶抑無常世界的過程也可能扼殺了這世界之間互相關愛、合乎道德接觸的可能性。因此（如同第三章的其他脈絡中所見），此處指涉的也是「倫理之死」，因為若變幻無常、處於某個位置且特立獨行的自我受到了壓抑，那還剩下誰，或剩下什麼，可以在交會與承認的戲碼之中參與？意識到發生傷害自我的舍斯托夫，對於原住民通曉生命的型態改變感到興奮不已，也認為原住民的知識或許能幫助人重新回到連結性裡面。

澳洲哲學家馬秀絲想要稍微將這概念往前推進，她運用「喪失現實感」一詞，描述西方世界如何一頭栽進貶抑現實的浩劫。「喪失現實感」是西方心智／物質二元對立的結果，認為心智代表人類的主體性，物質則是沒有心智的存在。她指出，這種二元對立背後蘊含的可怕意義，就是完全沒有留下任何知識論的基礎，來與這世界建立連結。[18] 唐娜與普蘭伍德都對此表示贊同，女性主義學者已針對性別、自然／文化、心智／物質的二元論，發展出一套涉及哲學與行動的深刻論述。哈洛威指出，心智／物質的二元論早在許久之前就應該已經隨女性主義及其他批判的出現而枯萎，沒想到這奇妙的心智／身體二元對立，生命力竟然如此強韌。[19]

屏棄二元論即是擁抱生命的複雜與連結性。馬秀絲表示，這種轉變能引導我們進入愛欲與倫理的領域，並且提出生命的兩大特徵：生命渴望「生成」（*conatus*，「自然傾向」之意），並渴望「連結」（*orexis*，「欲求」之意）。兩者皆與他者有關：生命想要活著，也想要（且必須）與他者一起活著。[20] 就某方面而言，連結的渴望不過是陳述一個生態事實，即生物與環境融為一體，互為構成彼此的要素，因此也是彼此需要、互相支持。更深入的描述，包含協同的概念。如果生命大於個體總和的話，萬物與各族群的生物就屬於更大範圍的連結性，並能於其中適時找到自己生成的模樣。生命透過有生物與無生物之間的交互影響，來達到自身的生成。因此，生命的渴望包含「愛欲」與「倫理」。「愛欲」是對於生命、連結、他者和自我的渴望；「倫理」則引導我們接納各種交互影響並塑造世界的交會戲碼，使我們能永遠生活在一起。

舍斯托夫對此概念的延伸感到開心，並欣然回應馬秀絲。當他鼓勵我們擺脫不確定性時，也知道我們將會發現特殊性。他希望我們在無常的世界中付出關愛，並因此召喚我們「如上帝一般瘋狂」。在他的想像中，人類有憑著信心行動的自由；此外，雖然在崇拜確定性的人眼中，相信不確定性看似或感覺像是一種瘋狂的行為，舍斯托夫卻主張這才是回應上帝與這世界的恰當方式。[21] 他鼓勵我們轉向這世界。舍斯托夫認為這世界並非永恆，反而變化莫測。他不相信恆久不變，反而鼓勵我們愛這流動的世界，呼籲我們狂熱地愛這世界的生命。

此時我要說，親愛的舍斯托夫，我雖願意加入瘋狂的行列，但我對「上帝」不甚感興趣。我們是否能不回應召喚，加入為大地及其奧秘瘋狂行列？在我的想像中，轉向這世界意謂著投入交會與承認的戲碼中，除了「為」他者瘋狂，也與他們「一起」瘋狂。我猜如世界般瘋狂是一個強大的召喚，要我們珍惜誕生與成長，並愛那瀕危的存在。我們與在這裡的其他存在一起瘋狂，他們／我們對於彼此而言，都是地球上的他者，彼此緊密相連。如世界般瘋狂，使我們沉浸在這生命星球的力量、韌性、連結與不確定性之中。

第十一章　所羅門的智慧

柯林．施伯龍（Colin Thubron）是旅行家，也是作家，他曾分享在中亞「所羅門王之墓」一則奇怪的故事。他去到吉爾吉斯奧什鎮（Osh）附近，並寫下那地方的故事：「有人說所羅門王在這裡遭到殺害之後，他那群黑狗仍在岩石裂縫中潛伏，舔他的血，啃他的肉。」岩石的裂縫是狗的棲身之所，以前的人相信岩石的裂縫有醫治的能力，若有受傷生病的，只要將頭壓在裂縫中就能獲得痊癒。[1]

這故事使我不寒而慄。大多數人只要想到「被吃」這件事，就會感到一股恐懼；普蘭伍德在描述人被鱷魚拖走的例子中，闡明了一個人發現自己竟然是獵物背後某些現象學與倫理學探討的面向。[2] 或許也因為狗是忠實伙伴的關係，所以想到人竟成為他們的食物，特別使人難受。而且這也是一種詛咒，〈詩篇〉六十三篇中，詩人就以此來詛咒敵人：

但那些尋索要滅我命的人
必往地底下去
他們必被刀劍所殺，

被野狗所吃。

約翰·克羅森（John Dominic Crossan）在〈十字架底下的狗〉一文中寫道，十字架刑罰的侮辱與痛苦，不僅在於公開極端痛苦的死刑，也在於不准妥善安葬。因此人在死前就已預知自己的屍體將會被狗等野獸吞食，他們的親戚也會因為無法正式將他安葬而更加的痛苦。[3] 在近代發生的美伊戰爭，法魯加城（Falluja）的戰地新聞特別將狗與死者相互連結，來突顯死亡的恐怖與重大。阿里·法德希爾（Ali Fadhil）實地走訪之後寫道，法魯加這小鎮早已變得殘破不堪：「這些屍體都已在裡面腐爛，有些是平民；有些是反叛分子，而且到處都是橫死街頭的狗。」他緊接著說：「巴格達醫院傳染病醫療中心平均每週都會收容一名狂犬病患，但問題是，狂犬病是經由犬隻啃食屍體而擴散。」[4] 這些畫面連結狗與死亡，呈現一種恐怖與恥辱，使狗的問題擴大了附近環境曝屍的不幸與可怕。

所羅門王黑狗的故事，是否有可能發展出不一樣的劇情呢？那些狗的後代至今仍舊守護著所羅門王之墓，醫治的能力仍在，並有生命的忠誠、連續性和力量。如果這故事呈現的愛與忠誠的關係，也包含死亡的話，情況又會如何呢？若死亡藉由某種存在的陪伴與保護，得以回歸生命的話，情況又會如何呢？

在所羅門王及他的墓與狗的傳說中，似乎閃爍著愛、死亡、智慧與自然彼此相屬的微光，並證實生命橫越死亡地帶的連續性。讓我們從聖經中最美的一卷書——所羅門王的〈雅歌〉，來一窺這領域的究竟。〈雅歌〉應該是西元前第三世紀寫成，雖然沒有任何證據顯示這卷書是所羅門王所寫，或暗示這卷書只有一位作者，所羅門在詩卷中也只是以「情詩主角」形象出現。[5] 即使如此，我們仍可推測〈雅歌〉是所羅門王所寫。傳統上認為，所羅門愛好自然，他手上戴的戒指使他能夠聽懂動物的語言。他是擁有後宮佳麗三千（妻妾成群）的偉大君王，也是許多女人（和盟友）心儀的對象。而所羅門王最為人所津津樂道的，當屬他舉世聞名的智慧。〈雅歌〉的內容涉及愛、智慧以及人與自然之間的互動，以上皆屬於傳奇所羅門王的特質。

〈雅歌〉裡描述的智慧與古代智慧文學的一般觀點迥異，一名專門研究〈雅歌〉的學者將所羅門的智慧定義為：「詳盡論述如何瞭解苦難與意外的反常現象，尋求具體的方式，來保障個人在日常生活得以健康幸福，並將這珍貴的知識傳承給後代子孫，使他們將之體現出來。」[6] 就這觀點而言，智慧雖能使人過著心滿意足的生活，卻也可能使生活變得枯燥乏味。約伯在傳統中的角色極為曖昧，因為他的朋友雖然看似智者，卻都受到上帝的懲罰；相反地，〈雅歌〉呈現的卻是融入於現今世界的此時此地，一種野性與熱切的智慧。

愛麗兒與查那·布洛其夫婦（Ariel and Chana Bloch）譯文優美，使〈雅歌〉的情詩高雅生動。他們筆下的〈雅歌〉，比較不像「年輕少女與愛人的性慾覺醒」全集，反而將背景設於寒冬過後大地復甦的春天，描述年輕時相遇的愛侶，如何浸潤在大地春意盎然的喜悅中。[7]〈雅歌〉展現愛侶在愛欲與大地的榮光中，而許多作者指出這就是聖經獨有的特色。其中一個例子是，奧爾特（Robert Alter）在探討中舉出〈雅歌〉與聖經其他書卷的反差，在於這卷書並未出現道德衝突、族鄉地位或命運，以及神學的潛在陰影等元素。[8]

這卷詩集雖以愛侶的語氣說話，但他們所描繪的卻不是以人類為中心的圖像。布洛其夫婦認為，自然在聖經其他書卷中是上帝的鏡子，至高的上帝則映照出至高的人類，並更進一步指出，人類至高地位概念的形成，或許是為了「與周圍外邦文化奉祀的動物神祇形成對比」。相反地，在〈雅歌〉這卷書中「甚至從未出現上帝的名字，人與動物之間亦無對立、階級以及宰制的關係。」的確，布洛其夫婦接著表示，神性就存在於這對愛侶和大地之中。[9]此時的我們，得以在盛開的花朵及崇拜情愛色欲之舞的「狗學」中，與野性的上帝相遇。舍斯托夫「如上帝般瘋狂」的熱情和我如世界般瘋狂的熱情，在我們遇見〈雅歌〉時有了交集，自此之後就可以和平共處，或甚至怡然共存。

情愛瀰漫了整卷〈雅歌〉，而感官連結的旺盛精力也一再反覆出現。當中可見各種肉欲表現在充滿聲色氣氛的愛撫動作中，加上渴望結合回歸一體的激情。這類感官的連結印證了一種自我的理論，即尋求連結的「情愛自我」。[10] 奧爾特於布洛其夫婦譯本的後記中，以短文探討了愛的轉化。他在文中談到，人類與更廣大的世界為彼此注入情愛，也在彼此之間流動那種錯綜複雜與穿透的情愛。[11] 這種對於愛的想像與探討「生態情愛」的哲學作品相似，希望能找到屬於這個世界、在這世界裡面，並專為這世界及萬物打造的情愛。雖然我們確實是從人類自身經驗的角度來探討「生態情愛」，但這並不代表我們所建構的是人類中心主義的情愛。相反地，人類建構的情愛承認我們需要仰賴身體，才能與大地上的生命進行感官接觸，且人類也存在於身體之中。懂得豁達地欣賞連結的「生態情愛」必須從我們被賦予的身體出發，而每一次的交會都是探索與回歸情愛的全新冒險。

馬秀絲在她的著作中提及有機生物都具有供養自己和與自我以外的他者接觸的雙生渴望，藉此在生態與倫理學領域中引進愛欲的概念。我們可將對於他者的渴求，即對於接觸他者的渴求，理解為對於他者的呼喚。在現今這世界無限循環的連結中，萬物都聽到呼喚，也發出呼喚，萬物都開始交會，並不斷向前，向前尋找他者，或與他者一起前行，不斷渴望建立連結，也不斷撤退。這就是生命的愛欲——渴求與他者接觸，轉向自我、面向其存在的過程。渴求與觸摸增加自己與他者的親密關係。馬秀絲寫道：「當自我成功建立連結性時，就能真實體驗到從完全的生命中產生那種滿溢的充足感。」[12]

〈雅歌〉對於受造世界有諸多描述，這部分與聖經其他卷書不同，作者更在許多生動的比喻中提到各種動植物：

> 我的佳偶
> 在女子中，
> 好像百合花
> 在荊棘內。[13]

如同奧爾特在他精湛的文章〈比喻的花園〉（The Garden of Metaphor）所表示，上述充分並任意展現的意象，說明象徵與其所指對象之間的界線是浮動的。作者在〈雅歌〉二章8—10節裡將愛人比喻為雄鹿（年輕少女所說的話以明體表示），奧爾特以此為例：

> 聽啊！是我良人的聲音；
> 他翻山越嶺

向我而來。
我的良人好像羚羊，或像牡鹿，
他站在我們牆壁後，
往岩石之間觀看。

我良人呼喚我說：
快！我的愛人，我的好友，
與我同去！

奧爾特寫道，當象徵同時意指雄鹿與愛人時，意味著「愛人已與大自然融合，且大自然也深深地與愛人合而為一。」[14]人類與其他生靈之間的界線，因著行動與交會的節奏而變得更加浮動。「親吻我，因你的吻如同美酒，使我醉了！」頭幾個字所蘊含那股愛與生命的熾熱，就已如此扣人心弦。廣大的世界也發生於循環和流動之中，包含四季、生出、生長、植物的成熟，以及動物在各成熟階段的發展，還有流動的水、吹起的風、沙漠的沙塵、含苞待放的花朵在夜風吹拂下，空氣中飄來陣陣的芬芳，與這對情侶彼此的激情所散發出愛的芳香交織著。這裡有行動，有自然與人類之間變幻莫測的蛻變，也有聲音發出呼喚：「快，我的愛人，我的好友／與我同去！」他們彼此呼喚，也召集他們周圍的世界：

北風啊，興起！南風啊，吹來！
吹在我的園內，
使其中的香氣發出來。
願我的良人進入自己園裡，
吃他佳美的果子。[15]

這裡也有溝通，且溝通的訊息大多透過視覺之外的感官傳遞。例如：花朵藉由芬芳證明他們在夜晚的存在，輕拂的風將宜人的香氣帶到愛侶身旁。因此那年輕的少女談到她的芬芳如何使夜晚甦醒，少女與花朵、黑夜、微風、愛的宣言與誘人的魔力融為一體，也提到要去看看溪流旁新綠的植物，並說：「我們總是以青草為床榻。」[16]激情滋養了人類的愛欲，並與大地合一。不久之後，所有象徵這世界的亦都代表一種激情，使生態情愛洋溢其中。他們再也無法想像那山丘上沒有遍滿肉桂、沒有激情的愛侶、沒有動物在香料植物間跳躍、也沒有因自身的豐美與渴望而耀眼的生命。

多數學者認為「生死之間」的關係，是〈雅歌〉形而上學的核心概念。相關經節也說「愛與死」勢均力敵——「愛情如死之堅強」，有些譯本翻成「愛情如死之堅固」。[17] 這段文字雖明確，但相似的意義卻仍舊捉摸不定。飛比斯（William Phipps）在一篇討論寓言與〈雅歌〉的論文中談到，面對重靈魂輕身體、重心智輕物質、重理性輕情感及其他二元對立的哲學脈絡，早期基督徒只好努力將〈雅歌〉包裝於寓言之中，為的是能被哲學所接受。他認為在過程中以寓言呈現主要的目的，在於將寓意轉化成相反的意義。將肉體的激情與無形的精神互換，則是他所提出的最佳例子，這是一篇精彩的論文，美中不足的是，飛比斯在結論提出的例子，恰好是他抵制的那種互換。他寫道：「唯有宣揚『愛戰勝死亡』的新約，才能超越『愛情如死之堅強』的申明。」[18] 在他單調乏味的描述中，這些優美的經節成了新約啟示更大的真理之前所做的鋪陳，他認為愛能超越死亡，意即愛情與死亡的力量並非勢均力敵。簡而言之，這段經節只是扮演一種伏筆的角色，只是為完全無關本意的其他觀點所做的鋪陳。這兩種陳述的差異的確意義重大，〈雅歌〉裡面「愛與死」相等，在地上的生命中表露無遺，並顯示兩者確實能夠維持相等的勢力。但飛比斯的描述使「愛與死」的意義與這世界脫離，也與「生態情愛」脫離，反而符合普蘭伍德簡略闡明的「超然死後神學」（見第十章）。

我們並不期待〈雅歌〉談到許多死亡、墳墓與死後世界（陰間），但整本聖經確實對於「來世」惜字如金，如我們所見，來世在聖經裡是不可告人的秘密。然而，人類在「聖經時代」及之前那數千年中，其實都活在生死同時出現的共同體中。[19]

如同我們在第七章所討論，考古學家瑞秋．哈洛特證明聖經掩蓋人們在那時代理解死亡的方式。考古學闡明，在「聖經時代前後」以及「聖經時代」，死亡崇拜的存在曾在當地廣傳數千年（大約橫跨西元前七百年至西元七十年間）。根據塔爾（Tal）所述：「〔直到〕羅馬帝國時期……巴勒斯坦地區……不同信仰複雜的喪葬禮俗，……都與巴勒斯坦的鐵器時代無異。」[20]布洛克—密斯（Block-Smith）亦獲得相似的結果，他研究鐵器時代到早期歷史時期的葬禮習俗，發現即使「官方」的政策漠視死者，死者崇拜卻依然盛行：

> 〔死者崇拜〕融入猶大族人的社會、宗教與經濟網絡。在耶路撒冷等地的考古現場……所挖出的器物整體並無重大變化，就是表示人們對於死者的葬禮習俗與態度幾乎維持一貫的證據。若我們認爲習俗代表「通俗」，就代表耶路撒冷的居民，包含猶大國民與宗教權威也是遵守「通俗」」慣習。猶大國被滅之

前，被奉爲神明的祖先在猶大族人的宗教信仰與社會中，無視「官方」論述，一直占有重要的地位並盛行祖先崇拜。[21]

總而言之，活人與死人的界線特別地寬鬆。通俗文化在聖經中遭到壓抑，使我們必須穿透強制的禁令才得以稍微對之有些瞭解。透過考古學的證據，我們才將聖經所隱藏的事實，這個活人與死人在現今發展的生命課題中是彼此的夥伴的事實，表明出來。

古代的死亡慣習普遍以死亡饗宴的方式呈現，將生命與死亡相互連結。波普（Marvin Pope）擷取附近地區的古文本，並生動描述人沉醉在酒宴狂歡的性愛派對，詳盡地探討這種饗宴。「性愛饗宴」（藉由展現生命的力量來回應死亡，人在其中盡情享樂的時候，死亡也與性愛極為緊密地結合。[22] 根據波普所述，饗宴如同〈雅歌〉中所形容，是「為哀悼與慶祝死亡的聚會，人在裡面酒酣耳熱，進行神聖的性交儀式。」[23] 烏加列語的文本描述眾神「在神智不清的狀態下步履維艱，在屎尿中打滾，像死人一樣倒在那裡。」[24]〈以賽亞書〉二十八章7—8節與舊約其他先知都警告人不應如此毫無節制，後來初代教會的牧者亦是如此告誡信徒。[25]

死亡饗宴中呈現出參加送葬與慶典的人在臥榻上，狗在臥榻下的畫面。[26] 眾人對狗在其中所扮演的角色有諸多猜測，有人認為狗帶來討喜溫暖，有人認為狗稀奇古怪；我不敢嘗試解釋過去發生的情況，但我猜想若宴會廳被嘔吐物（和更髒的東西）弄得污穢不堪，此時若有隻狗來收拾殘局的話，應該會十分方便。雖然更重要的是，這幅圖能夠代表狗積極參與在死亡與性愛中那複雜的美感。狗的複雜使人更加認識複雜的自己，也更認識大地上生命整體的複雜性。

聖經認為狗不潔淨，且人應該與狗保持距離。我們無法確知這種觀念何時形成，卻可以明確說出情況並非總是如此。第一個陪葬的證據出現於現今的以色列地區。距今一萬一千或一萬二千年前，早在「聖經時代」之前，有個老人下葬時就是將手擱在一隻狗身上。[27]「聖經時代」最驚人的發現，就是亞實基倫（Ashkelon）一座龐大的狗墓園，這座大約可追溯至西元前五百年墓園裡，有超過一千隻狗的遺骸，全都巧妙地側身擺放整齊，尾巴蜷曲朝向腳的方向。[28]這座狗的墓園如何與聖經中對於狗的想法連結，目前仍舊未知，但這新的發現確實使人應與狗保持距離的概念變得更加匪夷所思。聖經學者卡德瓦勒德（Alan Cadwallader）曾告訴我，這座墓園迫使聖經學者重新思考〈申命記〉二十三章18節的描述，這節經文雖然提及狗的價格，但此刻看來似乎是在影射尊重那種儀式的關係及相關事項。我們可以推測，聖經的三緘其口並非代表缺乏證據，而是證據消失了，換言之，聖經省略了所有與崇拜耶和華的宗教信仰不一致的故事。

以色列人堅持人類具有至高的地位，並抹除死亡崇拜，使他們與其他鄰近的「異教徒」分別出來，也與狗區分開來。對於以色列周圍的族群而言，狗是重要親愛的同伴。菲利浦·艾里克森（Philippe Erikson）在古希臘羅馬寵物的討論中推斷，狗的埋葬、墓誌銘和墓碑出現於基督誕生前後數百年間，且範圍極大。人們讚揚狗的忠誠、勇敢等特質，最重要的是，只有狗的活潑與頑皮能帶給他們歡樂。當時的人將特別的寵物稱為「養子」，有個墓誌銘曾如此寫道：「致海倫娜，我的養女，妳擁有高尚的靈魂，妳是值得稱頌的！」[29]

同樣地，篤信拜火教的波斯人因為相信狗具有能與靈性世界連結的強大力量，所以養狗作為寵物，並餵特別的食物給牠們。他們相信狗有道德倫理，也能像人那樣經驗死亡。[30] 埃及人也飼養狗作為寵物，為他們取名，並視他們為家人。有些狗死後被做成木乃伊進入來生，並置於家族墓穴中。埃及家犬的名字十分討人喜歡，即使是今天的我們都能明白，這些名字包含：勇士、靠得住、好牧人、羚羊，甚至是無路用。[31]

希伯來人周圍的民族不僅愛狗，他們從生命穿越死亡、進入永生的輪迴，都以狗作為媒介，只要想想埃及的狗或狗頭人身的阿努比斯就能明白。狗必須負責監督往生者的防腐與下葬，也引導死者到陰間。狗守在生死關口也是一幅令人無法忘懷的景象：如同赫卡忒女神與她的黑狗同伴守在十字路口，有人誕生或死亡時會嗥叫，以及地獄三頭犬科耳柏洛斯和閻魔天的四眼看門狗。有位學者說，「狗在印度與伊朗傳統中是靈魂的嚮導；在希臘、羅馬、德國與克爾特傳統中是守護者；在印度和克爾特傳統中是死者的揀選者或死神的使者。」[32] 在世界許多角落都可以發現更多諸如此類的例子，包含阿努比斯，當然還有馬雅聖書，也別忘了老提姆澳洲野犬與月亮的故事。

回到中東地區，狗與死亡之間的連結在拜火教中特別緊密。我們記得所羅門王的狗守護他的墓，卻也啃食他的屍體，啜飲他的血，我們需要借用拜火教的邏輯來理解這種敘述。偉大的學者瑪麗．波伊斯（Mary Boyce）概略敘述了拜火教與狗的關係，她認為在拜火教的思維中，屍體是不潔的，下葬對於土地是一種羞辱，因此必須將屍體暴露在外面讓動物啃食。狗吃掉屍體不潔的肉，本身卻不會因此變得不潔，因此獲得人高度尊敬。此外，死者必須通過審判的橋，狗則會在那兒幫助他們。[33] 更重要的一點是，當死者以肉為祭獻給狗的時候，這食物也成為死者靈魂的糧食。[34]

亞實基倫考古新發掘的證據十分有趣，暗示了人類、狗、死亡之間的關係，或許是另一個聖經中不可告人的秘密。也許所羅門王的狗啃食屍體時，其實是在遙遠的另一方為他舉行隆重的告別儀式，從那時起以牠們忠心的方式在墓裡守護著他。

狗與性的連結比狗與死的連結更加明顯，也更加複雜。狗無須遵循性的規範，另一方面狗在死亡饗宴中床榻下的目的應該是為了翻倒火炬，使那地方陷入一片黑暗，如此一來，人才能在縱酒狂歡的宴會中與自己的近親進行禁忌的性交，顯然這就是特士良（Tertullian）將狗稱為「黑暗陰險的老鴇」的原因。[35]

狗不僅淫亂，也因為精力充沛而無法自拔。質樸又愛狗的老提姆每談到此總是禁不住捧腹大笑。在提姆的故事中，我們的祖先澳洲野犬們也在其中無法自拔。提姆說這故事時，會先顯露出色迷迷的眼神。他說當時的男人與女人一開始便會先凝視彼此，眼裡充滿了血絲：

那裡有一大群女人，男人彼此說道：「啊，那小姐眞不錯！哦，那女人眞漂亮！」想要找男朋友的女人都想著：「喔，太好了！我們好想占有他們，好想跟他們結婚！」（「結婚」是提姆詼諧的委婉用詞，意指「做愛」）他們一開始只是在調皮搗蛋（另一個委婉用詞），就這樣持續了三、四年，每一個人都是這樣，男人不想（從對方的身體上）下來，女人不想結束（幽會），他們就這麼無法自拔了二個小時、三個小時、甚至四個小時。我們當時就是在做那些事。醫生傳命者說：「這樣不行。」所以把他們重新塑造變成人類。人們說：

「啊，現在的我們，可以成爲朋友，我們必須以正確的方式交往。」

老提姆解釋說，這只是公開講述的版本，男人私下所說的會更複雜。他靠著天份將信手拈來故事說得生動活潑，提及身體某些部位時還會以手示意，說到故事某些地方時會以隱語來暗示，有時也會一邊表演飢渴的眼神一邊狂笑。

相對於他對人類情事的謹慎斟酌，老提姆反而會毫不忌諱地揶揄狗的性交，說牠們隨時隨地都可以做愛、毫無血緣觀念與禁忌，最糟糕的是，牠們竟然會無可自拔。牠們因為想要活著與連結的渴望，而使自己落入困窘與羞恥的境地，老提姆為此替他們感到難過。牠們知道自己的可笑與無能為力，因此在眾目睽睽之下，待在營區中央任憑恥笑。由於牠們在生死關口嗥叫、啃食屍體、公開性交，所以能以放蕩不羈的方式連結性愛與死亡。狗無法無天的行為是如此像狗、如此庸俗、如此活在當下、如此直接挑戰人類常軌，也因而經常使我們想起自己與這世界裡的生命、肉欲、死亡、哀傷，皆以熱情和渴望連結。

人們普遍認為〈雅歌〉八章6—7節這段經節是〈雅歌〉中的重要片段：

求你將我放在你心上如印記，
帶在你臂上如戳記。

因為愛情如死之堅強，
嫉恨如陰間之殘忍；
所發的電光是火焰的電光，
如烈焰般燃燒。

愛情，眾水不能息滅，
大水也不能淹沒。

若有人拿家中所有的財寶
要換愛情，
就全被藐視。

此處清楚呈現出愛情與死亡的勢均力敵，並立基於生命、舉動、連結與流動性。〈雅歌〉想表達的是，我們需要這世界的情愛生活，並以愛的力量連結宇宙中所有變化莫測生生不息的生命，才能與死亡抗衡。唯有整個充滿生命的世界大聲唱出情愛的能量，才有愛情與死亡的勢均力敵。所謂愛的力量，就是大地情愛湧現的力量。

〈雅歌〉說死亡十分堅強，卻未告訴我們它是仇敵。恰恰相反的是，〈雅歌〉似乎認為，愛情與死亡的關係與愛侶本身的狂熱激情相似。眾水不能熄滅的愛情火苗，就好比自然的力量無法消滅愛情與死亡一般。〈雅歌〉在狂熱的激情中，展現出一種絕非靜態平衡的動態野性。

這整個大地的流動是多麼的美啊！布洛其夫婦提出的「詩學」，形成了死亡與愛情之間一種強烈又溫柔的關係。關係其實就是動作的組成，愛侶彼此尋求：他邀請她「『下來』找他；她也四處尋覓他的蹤跡，或做出邀請。他們從渴望變成期待與滿足，最後又變成渴望；性的圓滿……只是這首詩的情節之一，不是完美的大結局。」[36]〈雅歌〉裡有回歸，也有分離，是大地與愛侶皆沉醉其中的那種情愛，或許這不僅是一種愛的方式，也是死亡與愛情交互影響的一種模式。愛情與死亡有時相擁、有時分開；有時聚合、有時離散，無論如何，都支持著彼此的激情。

求你快來！如羚羊或牡鹿在肉桂山上。

沒有任何事物能存到永遠：狗也像我們一樣深深明白這個道理，卻抗拒這層認識。牠們想要永遠活著，若無法永遠活下去，就希望能一直做愛下去。即使是狗，也厭倦了那必須永遠忠誠的監牢，這對人與狗而言都是一種兩難：我們希望永遠在一起，卻又深知我們無法辦到，因此拼命想要回歸。要大聲唱出愛欲，也大聲唱出這個世界，唱出了生命，保守生命，使生命在死亡面前顯現堅強。

她一次又一次地呼喚著，我的愛人啊！求你快來！我的心早已渴望經驗那熾熱之愛的回歸。

第十二章　初始法則

我已探討許多連結性的西方科學與哲學觀，也提出生死透過分離與回歸的生態情愛概念。然而，老提姆的作法往往與眾不同，他針對連結性所提出的哲學思維，也展現了他的成熟。

跨物種的回歸

我一九八〇年首次來到雅拉林時，住的是最新型的房子：波紋狀鐵皮搭的棚子，庭院有水龍頭，走廊有屋頂。房子離多戶共用廁所與淋浴間不遠，我住的房子靠近部落中心，當時是間空屋，因為幾天前一位眾人愛戴的長者才剛過世，只留下他體弱多病、眼神哀傷的妻子，沒多久也隨之過世。他們舉行過葬禮，並以煙燻過房子，卻因為親人還未能拋開過去的回憶，仍因失去他們而哀傷不已，所以沒有人想搬進去住。但我只是個沒有這部分回憶與哀傷的陌生人，因此將房子歸我。

一個月後的另一場葬禮，是為剛過世的某個人所舉辦。但氣氛非常緊繃，因為有許多人對他的死因感到不滿。每個人的心情都相當緊張，隨著載著氣憤的其他部落族人的卡車一部部抵達，現場氣氛也愈加緊繃。我雖然極其好奇，但也意識到自己對此一無所知，瞭解的也不多。我坐在走廊上，因希望加入他們卻深知應該置身事外的心理矛盾而煩惱。此時老提姆向我走來，他坐在我旁邊，開始與我聊天，就這麼講了數個小時。我照他所期望地開始作筆記，一邊聽他說故事，一邊注意聽著喪禮中不斷傳來的哀泣和打鬥聲，因為老提姆的故事有時會被葬禮的聲音打斷，使我的筆記變得有點像賦格曲。我想老提姆應該是為了避免我靠近葬禮的場所，才特地來分散我的注意力，我對此既感激又煩悶。

回想起來，他當時選擇與我分享的故事，確實使我心醉神迷。對應於我們周圍那死亡與哀傷的儀式，他述說的是誕生的故事。此時我才「真正領悟」——什麼是使物種與世代相連的回歸生命，並開啟討論死亡的對話。在那之前，其實已經有一些人與我分享他們今生如何生成的歷史故事。有個喜歡與我說話的小女孩，名叫「愛琳」，她遇見父母之前是小蜥蜴。她朋友「凱西」也是小蜥蜴，她們以前經常在灌木叢中玩耍，後來設法進入人類的家庭之後成為童年好友。

這類故事的系譜不僅包含人類，也將人類捲入跨物種的轉化中。我逐漸瞭解，每個人各自都有一段跨越其他物種來到今生的歷史。哈伯斯．達奈亞歷（Hobbles Danaiyarri）是我另一個重要的老師，他成為人之前，曾是盲槽*。他父親捕獲一條盲槽給母親吃了一些，因此他的靈魂變成人類的孩子，長大後成為優秀的分析大師與說書人。他右邊的太陽穴有個小小的印記，正好位於他父親用魚叉刺中的地方。早期有一群原住民捕魚時遭白人射殺，其中一人死在海裡，他的靈魂變成盲槽，盲槽又變成哈伯斯。哈伯斯很慶幸自己死後仍有家族可以繼承，並期待他今生會穿越死亡，成為另一個新生命。

在那炎熱、緊繃的午後，老提姆的故事敘述了連結性的哲學觀，但不是透過抽象的語言，而是實際的參與。話語和活動的交織，有如一場對位的表演。在我們研究這種參與模式之前，先來聽一些故事。有時候老提姆會用「靈魂」一詞，來談論「靈魂」在不同身體之間輪迴的求生意志。更多時候他會用「小子」，來意指即將變成人類的生命。老提姆在那場冗長又憤怒的葬禮期間，告訴我那死去的人未來的命運，並向我介紹附近一座山丘，他說死者會去那兒等待回歸的機會：「人死後必須去那座山，並在那裡等著，他以後還會回來的。那些小子會從那座山回來，因為那些小子就是從那座山來的；每個人都是從那座山來的。人死後會直接

* 譯註：澳洲一種魚類。

去那個地方，在那裡待個五年或七年，然後得到新爸媽，出生成為他們的孩子。」

這套法則是澳洲野犬祖先所創（見第七章）：「那小子找到了新的父母：澳洲野犬法則就是如此……那死去的人環顧一切，思想他的傳命者……使自己變成袋鼠、巨蜥、鳥或鱷魚……那就是所謂的法則，狗的法則。」

提姆接著分享智者在這過程中所扮演的角色，因為保持生命萌芽的流動是他生命中非常重要的一部分，所以他也將自己融入故事裡面：「智者可以看見那小子。智者對那小子說：『嘿！』那小子回說：『誰是我媽媽？誰是我爸爸？』智者向他指明。他指示說：『跟你說，那是你媽媽。』他這麼跟山上來的小子說。」

參加葬禮的人持續哀哭的同時，老提姆談到分娩的事情，並談到有些歌謠有助於嬰兒的出生。生產是女人的事，但如果孩子生不出來，就需要別人幫忙，甚至包含男人，只要他是智者即可。瑪麗·魯頓迦利是助產士，她與老提姆都熟知對生產有幫助的歌謠與技巧。老提姆解釋，當產婦「快死的時候」，旁邊照料的婦女就會把瑪麗找來。產婦會告訴瑪麗說：「我真的快累死了，我已經累到什麼都做不了。」此時瑪麗會調整她的身體姿勢，並唱起歌謠。同樣的，若召來的是老提姆，他也會吟唱，並且運用他的力量幫助新生命來到世上。不到一兩個小時，嬰孩就會誕生，並用盡吃奶的力氣大哭。在尚未有醫院的時代，孕婦都是在地面上生產，分娩時的血水滲入地裡（當地的公開知識不會透露更多細節）。我另一位偉大的老師萊利·楊，解釋了地面之於分娩的重要性：「原住民都在地面上出生……我們沒有醫院、沒有打針、也沒有藥……因為土地就是我們的醫院。包括我，我也在地面上出生……我不是在醫院，是在地上出生的。」[1]

另一台卡車剛抵達，又有哭聲傳出，我們停下來傾聽，之後老提姆提到有些歌謠能幫助嬰孩成長，並給小孩行走的力氣，然後他吟唱傳命的歌謠。他稍微提到使男孩茁壯變成青年的儀式，以及如何幫助人類生成的故事，而且他已經從事這行多年。

我們坐在走廊上，聽得到葬禮進行聲，但看不到葬禮上發生的事。老提姆告訴我葬禮上的死者將會如何，他說這雖然是今世生命的終點，卻不是共同生命的終點。他的話裡蘊含哲理與安慰，回想起來，老提姆提出的，是透過有創造力的動態關係，將出生與死亡連結的哲學。他的哲學不僅限於敘事當中；相反地，老提姆藉由說書和葬禮來表現一種哲學。我花了數年的時間，尤其是我們在某一場成年禮跳了整夜的舞之後，才逐漸理解筆記裡的內涵。

我們先暫時拋開葬禮，來思考生命的舞蹈。那場儀式稱做「潘迪尼」（Pantimi），是女人傳命者所創，並從西部地區流傳到各個地方。儀式中負責吟唱的男人坐在圓圈中央，一邊以迴力標作為木棍打擊樂器，一邊吟唱。女人跳向男人，從西邊跳到東邊，有時在他們周圍跳著。每當我們跳舞，就是以腳步在地面上題字。每唱一首短歌，就更靠近圓圈中央的男人，每首歌的間隔當中則向後撤退，等歌聲響起，我們又會朝著唱歌的人跳去。我們的舞步形成一種韻律，那召喚我們跳舞的嘹亮歌聲，也帶有一種韻律。我們以腳步在地上創作，劃出軌跡，揚起塵土，直接在土地上踏出舞蹈的韻律。夜晚的呼喊不僅是為了讓傳命的始祖聽見，也是為了讓死者，以及所有不在現場但能認得儀式聲音的活物聽見。

舞蹈及舞蹈之外的部分，是「潘迪尼」與其他儀式最顯著的特色之一。每首短短的歌謠中間有很長的間隔，歌謠的韻律以音樂和音樂之間的擺動為背景，沒有音樂的時候大家會說些笑話。這不是中斷儀式，而是一種相對於音樂部分的對位參與。他們在整個間隔時段，你一言我一語地說著笑話，甚至有些是重疊交叉進行，洋溢著別出心裁的喜悅。

因此儀式的運作包含兩種相互交織的活動內容，音樂與舞蹈屬於「傳命的法則」，形式非常複雜，必須按規範確實執行。笑話部分則屬對於日常生活的自發性評論，間隔時段說出的每一個笑話，都是暫時從禮俗中將品味有意義的抽離。每一首歌都有品味、有意義的，重新回歸傳命的法則。民族音樂學家凱絲．愛麗斯（Cath Ellis）形容原住民的音樂有如「虹彩」。據她解釋，這異想天開的比喻指的是背景與前景突然「前後翻轉」時所發生的現象。我們都曾體驗過類似視覺現象，也看過某些故意在背景或前景之間創造光學動態效果／腦力運動的藝術或攝影作品。[2] 一個大家特別熟悉的例子，就是在臉部與花瓶的視覺插圖中形成花瓶或高腳杯與兩張面對面的臉交錯的現象。[3]

聽覺上的經驗也可以是一種前後翻轉的現象，我們可將先聽到的那種聲音稱為前景。愛麗斯認為那樣的經驗會破壞原有的樣式，改變一般人察覺到的時間流動，並深化一個人對於整體表現的意識，因此產生各異的結果。[4] 儀式表現的過程中發生許多不同的前後翻轉，對於舞者而言，舞蹈中有腳步與地面之間的前後翻轉：是誰在跳舞？誰是被舞弄的對象？若我們將焦點放在動作上的話，顯然兩者同時都是舞者與被舞弄的對象，同時，我們之間反覆來回的前後翻轉當中，也展現出這種交互性的意義。

像「前後翻轉」這種無足輕重的詞，卻能顯示出儀式裡十分重要的模式，因為同樣的模式也出現於老提姆富有哲理的連結性表現。若葬禮是主旋律，出生的故事就是相對應的旋律。若出生的故事是主旋律，那麼哀傷與憤怒的哭喊就是相對應的旋律。然而，如果葬禮與出生的故事都是主旋律的話，在他們之間前後翻轉的才是最重要的。因此，他精湛地表現出生與死亡、分離與回歸以及這一切的交互相關性。

我在這裡想要強調的形式，指的是前後翻轉的運用：兩種活動共存，彼此塑造，參與的人在其中前後翻轉，一開始以首先出現的作為前景，再以後來出現的作為前景。前後翻轉的現象一開始只會出現其中一種前景，但參與的人其實是透過時間和身體感受到某種前後翻轉的模式，人所體驗到的是流動性，也是同時性，「虹彩」則出現於共存的交互模式中。當人從原來只經驗到其中一種，到變成兩者同時出現的時候，就是虹彩出現之時。我們思考生命與死亡時，也會遇見這種虹彩，那就是從大地上的生命中升起的微光。我們隨著歲月與多重性進入了流裡。從流動的角度來說，即萬物隨時處於變動的狀態，從這地流到那地，從這生命流到那生命。同樣地，現實生活位於不可逆的時間軸中，前後翻轉的擺盪無法存在於時間之外，而是屬於生活的一部分，因應複雜與創造的動力而生。我們必須特別指出，前後翻轉的哲學與當代靈性運動中兩種主要的思想派別背道而馳。若要發生前後翻轉那種往返的現象，就必須有差異的存在，一定有我與你，有自我與他者，也有死亡與生命。「萬物彼此連結」也是不可能的事實，唯有逐漸遠離，才能逐漸靠近，塑造與破壞同樣重要。當我們在營火旁討論老提姆父親的死亡與轉化時所遇見的，其實就是一種前後翻轉的模式。這種模式所仰賴的，正是來回往返、轉向與回歸、出生與死亡那種變化多端的形體流動的輪迴觀。

老提姆體現的哲學有個名稱，他將之稱為「初始法則」。他說全人類都是經由死亡與出生的過程而誕生於世：從一開始的傳命者、白人、黑人、印第安人，每個人都是從初始法則而生，我後來瞭解到，這是他理解生命時那種寬大為懷的包容和信任。我認為他想論證的是全人類的法則必然相同，因為生命就是如此。生命想要活著，想要變得與肉體一樣真實，且不斷設法回歸到生命當中。生命一直處於不斷變換形體的狀態，跨過各個身體、物種與世代，跨越死亡進入更豐富的生命。老提姆透過將故事與脈絡並列，來證實變換形體的發生，提出求生意志的哲學，無論生或死都不是唯一單獨的前景。來回往返的移動，是生命力旺盛並繁衍不絕的原因。初始法則於世界的初始所創，也是延續至今的法則，因為生命就是如此，永遠都屬於初始時期。按照初始法則，生與死相互滲透，並透過跨物種的轉化與回歸不斷持續變化。雖然老提姆的哲學亦可理解為「參與法則」（或譯「共享律」），但與列維—布留爾努力表明的不同（見第十章）。但老提姆這位智者無須清楚表明自己的哲學，因為他早已將之活生生地體現出來。列維—布留爾透過闡述使我們明白，共享「律」的重點其實就在於參與。老提姆藉由表現前後翻轉的巧妙方式，掌握到出生與死亡如何相互往返，並且使人意識到使生命世界持續塑造的深層連結性。

動物語言

「初始法則」來自於澳洲野犬，與其他澳洲野犬的故事一樣喚起了人類的動物性，邀請人進入連結的關係中。這些故事刺激人參與的渴望，並藉此暗示人類有孤立的傾向。我聽過老提姆和別人的故事當中，最奇怪的當屬有關澳洲野犬與人類互動的一則。聽說澳洲野犬在灌木叢裡會像人類一樣談話行走，但當人接近時，他們又會變成狗的樣子，發出狗的語言。表面上看來，這故事與傳命的故事相似，都認為動物本來都具有人類的模樣。牠們以前都會改變外在的形體，也都會說人類的語言。後來逐漸在熟悉的形體與聲音裡固定下來。智者和動物會擾動那種穩定，傳命的始祖可藉由吟唱與舞蹈獲得新生，但只有澳洲野犬彷彿有能力不斷改變形體。牠們至今仍保有的能力，顯示出與其他物種的不同。此外，牠們的差異可以放在更大的脈絡來理解。牠們只會以犬科動物的樣子示人，除了人類之外，其他灌木叢中的動物都曾見過牠們以人類和澳洲野犬的樣貌出現。

這些故事透露出某種意想不到的人類例外論，西方思想透過界定所有他們（別的存在）能力不及的事，定義出人與動物之間的差異，使我們開始自以為卓越（優越）。故此，我們可以預見死亡，但動物不能預見死亡，因此死亡輕如鴻毛；我們有自我意識，但牠們沒有，因此只能稱做「存在」。我們會思考，牠們卻靠本能；我們有理性，牠們沒有。這些不過是眾多例子中的九牛一毛。重要的是，老提姆的澳洲野犬故事提出了另一種觀點，指出人類與其他動物的差異在於，在所有的生物當中，只有人類從未看過澳洲野犬改變外形的樣子。澳洲野犬本是我們可以倚靠、確實能夠分享名字及語言的動物，但牠們卻拒絕讓我們明白彼此之間多麼親近。這真是不可思議的一件事！

澳洲詩人波亞爾在一首優美的詩中，繼續延伸我們因遺棄而孤寂的概念：

哲學家應居住於世界首府那偉大的王之邀約，來研討會中分享四元素，他隨車隊旅行途中任由自己的思緒在各個主題之間紛飛，試圖找出適當回應現況的方式。他們已旅行一段時間，也走過許多地方，無垠的大海在車隊奔馳中稍縱即逝。哲學家想要思考我們在這世界的處境。「暴力」與「失去」等詞對他來說似乎有其意義，而「疼惜」、「遏止」等詞則更有正面的價值。車隊行經的大海一路延伸到「狗之島」，那裡有一群狗被船員拋棄之後，盤據在島上形成自己的族群，在那只稍微比沙洲大一些的空間裡，孤寂感在被人類拋棄的狗群之間。

在狗兒固守的沙洲上，夜空中繁星閃爍、星月交輝在荒野裡顯得如此靠近，此情景恰好譜成一曲淒美的旋律。最後，在音樂的共鳴下將時間封印在島嶼之內，此時剎那即永恆，有如遺世獨立的世外桃源。

> 他轉而想像那些人沒有了狗之後所發生的事。那些人四處航行闖入新大陸，遺棄了每一樣他們曾經珍惜的東西。他們覺得交談和密切的關係會剝奪他們寶貴的時間，因此發展出「東西的語言」，來取代原本動物才有的語言。他們不再開口說話，取而代之的是將物體舉高兩相比較此後世界一片沉默，而語言被放逐到遙遠的天邊。[5]

波亞爾的散文詩探究了「遺棄」的兩大後果，並闡明之間的關聯。其中一個後果就是匱乏，因為人若拋棄大地上的他者，身邊就只剩下沒有生命的東西。另一個後果是（狗和天上的星星之間）不斷唱著相互連結的和聲。這種關係對於兩方面都造成負面影響：狗哀傷和聲的擴散，也削弱了人辨認出狗的能力。

我們對於逐漸加深的孤寂感十分熟悉（見第三章），我們被遺留下來，想著如何才能突破困境。這背後的脈絡，或許可以幫助我們理解澳洲野犬不願向人類現身的故事。澳洲野犬認為，如果人類要與其他動物說話，就必須瞭解並回應動物的語言，牠們的堅持可以約束人類總是想要按照自己的想法來對待萬物的欲望。其實澳洲野犬可以創造一個排除所有其他存在，僅限與人類溝通的共同體。牠們透過形體與語言的轉換一再提醒我們，人必須學習理解他者，才有可能與牠們溝通。波亞爾所說的「原本動物才有的語言」迫使我們不再單單著迷於人類的語言，而是注意到自然界四季變化的各種聲氣相求的行為；繁花盛開的樹下，花落聲、鳥蟲唧唧聲，犬狗吠叫聲以及其他動物的聲音和萬籟俱寂聲等，其他許多溝通的語域，當萬物大聲唱出自己，就能擁有無數種溝通的方式。動物的語言從來都不是獨白式的語言，而是表示關係的語言，召喚人進入肯定生命的交會與承認戲碼，走進這個世界、同甘共苦、共存共榮。

澳洲野犬的故事提出對於人性的描述，但並未多加誇讚，反而提到我們無知、好勝和孤立的傾向。月亮的故事不僅與死亡有關，也與連結性的意識有關。月亮知道自己的孤單，卻因無知而無法或不願設法解決問題。同樣地，約伯向上帝呼求，希望上帝與他對話，雖然上帝最後向他說話，卻只自我陶醉地陳述自己的大能。當我們人類自以為豁免於連結性之外的同時，就已墮入一種無可救藥的無知境地。

透過跨物種的轉化回歸生命的方式，暗示「初始法則」不讓我們單單想到自己。雜交的存在，證實這世上存在多元物種出生與死亡的動態合作模式。事實上，初始法則提出了一種更深刻的真理，即死亡是步入連結性的手段。要脫離孤立的狀態，就必須接受地上生命有一天必定死亡的事實；接受地上生命有一天必定死亡，就是接受人身為動物的命運，並透過理解命運，進入召喚—回應的關係中。此外，雜交證實了倫理包含了參與，甚至更進一步來說，也證實我們亦包含在這世上休戚與共的關係中——這唯一已知的土地滲入了出生與死亡之血，我們的身體從它孕育而生。

連結性倫理

提姆藉由已故的部落耆老所教導的歌謠與其他知識，引領人來到這個世上。因為從侵略開始之後的數十年間人口流失極為嚴重（大約流失95%），使他成為許多外族與外國人的知識寶庫，而他們雖然沒有了後代子孫，卻仍舊不顧一切地希望能將自己的知識傳授下去，瑪麗認識這些歌謠的經過大抵與提姆相似。我後來才知道提姆與瑪麗膝下無子，這層認知使他們所做的事更顯大方：經歷了許多家族的滅亡但本身沒有後嗣傳承的他們，前景看起來似乎非常黯淡。但即使如此，他們仍竭力使生命繁衍不絕。

故此，我認為這就是對生命有信心的真諦。連結性的倫理不允許人放棄，生命從未停止呼喚。每當我思及此，就必須提醒自己，許多雅拉林的居民都以為老提姆有些瘋癲，他確實是聖愚者。我在第二章主張，如果老提姆的族人有第一條誡命的話，必然是不可對動物之死視而不見。在這世界活著，或說是在相互連結的關係中活著，意謂著我們活著的時候必常面臨死亡與生命的迫近，也會與引起死亡的和養育生命的相遇。引領我們經歷這一切的生命，並未指示涇渭分明的倫理道德，或指出我們可以占有這世上某個地方。在相互連結的世界中，並沒有像「不可殺害」這種涇渭分明的倫理道德。我們已探討過這誡命的主要問題，這並不表示人一定不能殺害，因為沒有死亡就沒有生命。因此有人訂出了界線，規定哪種殺害可行，哪種不可行，以此來回應這條誡命。劃定人類與動物的界線，有助於決定殺害哪些對象可免除刑罰，或是將植物排除，將人類與動物歸為同一類；也有人說只要沒有造成對方痛苦，殺害就是可以接受的云云，藉此美化那條界線。人對於這種規定感到滿意，因為如此一來就可以清楚知道如何推卸責任。當然我也承認，社會規範既有幫助，也有其必要。但我們若堅守法則，就會面臨只重行為，而非規範的倫理概念化問題。而純粹則像是一種好似的錯覺，對於那些不願面對活著必然面對這所有一切現實的人而言，也成為他們逃避的藉口：明確的界線使人以為某處好似存在著純粹的道德倫理。我們可以說，無論月亮或是（面對約伯的）上帝，都處於純粹的境地中，這並非意謂著他們自命純粹，但如同故事所清楚闡明，他們拒絕接受連結性的同時，也撇清了他們的責任感及義務關係。相反地，世上的生命之間若有連結，我們必然能受感召坦誠面對模稜兩可的現象，並展開實際的行動、負起我們的責任。

如同我們所見，處在關係中意謂著我們容易受傷。每當我們思考這種脆弱性，就更清楚明白，生活在世必有喜樂與哀傷，必有渴望與失去，這是多元物種構成的共同體必然要承受的宿命。舍斯托夫曾於數年前針對這點提出探討，因為他的想法涉及生命的多樣性、共同苦難、存在主義與瘋狂，因此我要重新回到他的論述。他那整段重要的文字，其實是向「理性」叫囂，此處所謂的「理性」包含確定性、科學實據、某些理性論證形式，以及其他現代社會的特性，他的析理透徹十分生動：

我們若從「理性」著手，就會推導出精彩的大一統哲學，來滿足我們的「理論性需求」，提出萬物必須恪守的眞理和道德。……人類所理解那無可辯駁的眞理，按照大一統宇宙範圍裡永恆的法則運行，但我們若不承認理性的存在，……數千年來囚禁於哲學下那種未滿足的渴望，以及無法獲得安慰而傷心欲絕的無數個自我，就會突然從那後面一一迸發出來。[6]

舍斯托夫在面對無數的自我及其渴望與哀傷的呼喚時，鼓勵我們「重新學習害怕、哀泣、咒罵、失去並重新尋回最後的希望。」所謂最後的希望所指為何？他發覺與上帝有關，但我卻極力強調與大地有關的那種「謎一般的瘋狂」。[7]正如我漸漸瞭解的，我們可將這種瘋狂視之為面對所有未知與不可知時候一種寶貴的信心。

連結性倫理充滿開放、不確定性，心思細膩、注重參與，並具有偶然的特性。人受感召展開行動，參與召喚與回應的戲碼演出，並按照命中註定的行事。我思及老提姆回憶起幾乎快淹死的白人想要知道發生什麼事時，他忍不住暗自竊笑的情景。當我在腦海中再度浮現這故事時，立刻明白老提姆的行動達到列維納斯與孟子應該都認得出的倫理標準。[8] 列維納斯一定會在那幾乎快淹死的白人臉上看到上帝的影子，孟子則認為老提姆必然是動了惻隱之心，才會拋開利害得失的算計而主動救人。老提姆雖然不作如是想，卻似乎以他的智慧，清楚表達了一套哲學。他那「我不知道」的回答十分玄妙，短短一句話就打發掉合理性與普遍性的必要。這則故事的道德寓意，恰好可以回應梭爾認為「人只救自己所愛」的主張，至少從哲學的角度來看，我們可以看到 有時候人並不僅救自己所愛（見第三章），有時也會救自己不愛的。老提姆之所以救人，是因為那人需要救援。這背後沒有別的理由，也沒有時間考量互惠關係，或判斷事情的對錯。實際上，若老提姆有經過全盤考量的話，或許會決定不想救他，因為他的族人曾殺害老提姆的族人，並搶奪他們的財物，對於在他底下工作的原住民工人而言，這人的生平作為都稱不上討人喜歡。若老提姆有費心思量，心中或許會冒出這些想法。我認為即使如此他仍舊會救那個人，但他告訴我們的話裡，似乎透露出他完全不假思索就直接跳下去救人。謝絕公開決定過程的老提姆，彷彿在維護召喚與回應交錯的生命那種忠誠的愛。召喚與回應如同生命與死亡，是兩種極為不同、彼此共存、相互塑造的經歷，影響其中參與並前後翻轉、來回往返以及召喚與回應的人。前後翻轉在區別的同時，亦能產生連結，那種不確定性與連結性肯定生命的意義，正是塑造世界的基礎。

回來吧

現今滅絕速率的倍數大約介於化石所推斷一般背景值的一千倍至一萬倍之間，但因為我們並不知道目前有多少物種遭到剷除，所以不可能確實計算出以前的正常速率以及目前速率的差異。即使如此，我們確實知道有越來越多物種「正從極危的等級，落入那半死不活的狹窄區域，最後遭到滅絕」[9]。

人確實會救自己所愛，或許設想對他者少付出點愛就能苟且度日，這也是一種回應的方式。世界生命力的持續萎縮，使我們對於破壞越加無動於衷，反而試著以另一種好似的錯覺重新開始——我們以為自己未與這世界相連，因此以為這世上所發生的與我們無關。我們在這方面似乎頗行，但這其實是個死胡同。至少可以確定的是：我們的生命掌握在他者的手中，沒有他們就沒有我們。

橫跨整個死亡地帶的呼喚——我們數千年來所發出那聲如洪鐘的「回來吧」嗥叫——其實是愛的呼聲。愛欲渴望與這世界保持連結，但如果愛的力量無法與死亡匹敵，死亡就會變得比較強大。我們此刻正目睹死亡一再擴張它的勢力，最後完全轉變成另一種局面。目前如骨牌效應般接連發生的滅絕，正將生命從地球上一一拔除，破壞生命的結構，切斷連結性的羈絆。受害的數量十分驚人，總體受害的數量更構成令人毛骨悚然的事實：滅絕是許許多多個體死亡的結果，每個個體的死亡都重如泰山，而且大部分生物也就此失去了他們的未來。

生命與死亡在那窄小、可怕的地帶彼此交會，我們在那兒首次真正感召進入倫理的關係中。那召喚之地除了危險、愛力量與我們感召的事實之外，別無其他。那裡所發生的事，我們無意瞭解。我們只是做出回應，將臉轉向這世上無數個自我，並全力以赴。或許唯一能清楚說明的，只有我們與野性、瘋狂的倫理相遇這件事：我們回應，是因為我們在那裡，也因為我們見證了開端的出現，因為那地帶如此窄小、生命如此寶貴。

澳洲詩人可洛寧（MTC Cronin）似乎就是針對這些議題而論：

〈無論何者成了自身〉（*Cada nivel tiene su propia irrigacion sanguinea*）

——葛洛利亞．戈維茲（Gloria Gervitz）

> 「每一層都有其鮮血的澆灌」，每一層都有其寒顫、搖擺、黑暗一角的溫柔，陰暗處、細胞的死去，每種情感都能找著自己的定位，無論什麼成了自身，都有著那種熱情，無論什麼成了自身，都有著那種熱情，萬物都找著自己的定位，領悟生命就是雙眼目睹生命的流逝，雙眼有如海沙、生命就是鮮血的流動，每個熱情都找到自己的定位、生命哭喊在鮮血的盲目中使自己暖和起來，鮮血只在黑暗中流動，寒顫、搖擺、黑暗一角的溫柔，無論何者成了自身，都找著自己的定位，雙眼、鮮血、繁星與海沙，永恆的熱忱使海沙成爲海沙。[10]

如此筆直朝某一層栽下去，濺出了一層層血跡斑斑。終有一天，人類與他者之間那相互連結的模式也將成為虛無。大地若變得虛無，遺留在世的也隨之變得虛無，製造出視「生命如草芥」的眼光，因拒絕面對死亡，所以不願活出完全生命的眼。因此我們的挑戰是學習仔細將死亡看得透徹，並瞭解這世上生命之間相互依存的關係，勇敢面對未來。死亡的擴張是否會在大地維生功能遭受破壞並喪失的同時，使我們變得脆弱？是否有所謂人類生存的臨界點？

在我們生命崩解並受到無可挽回的傷害之前，會失去多少仁愛之心？

或者，也許我們會主動做些改變，或許從死亡空間傳來的聲音會向我們說話。若我們可以聽到和聲，就能聽到那些永遠錯失生命的呼喚。我們或許能在那裡與從滅絕發展出的敘事交會，因血緣不是為了拆散我們，反使我們相互連結。因這種敘事所付託我們的，是重新思考過去那些自以為瞭解自己的愚昧之處，使我們不再輕易以為自己知道如何與世上受難的生命家族共存。

致謝

我衷心感謝！感謝父親大衛·羅斯（David Rose）試讀我的初稿，並常常提供高明的建議。波亞爾（Peter Boyle）以細膩的眼光讀過整篇原稿，竇林（Thom van Dooren）也讀過完整原稿，他幫了我極大的忙，他的古道熱腸支持我完成這項寫作計畫。此外，這本書之所以能夠開花結果，克拉克（David Clark）與哈特利（Jim Hatley）兩人功不可沒。幫助我完成此書的原住民老師多已謝世，故此努力不懈透過寫作將他們的故事傳給全世界，是我對他們表達無限感激之情的方式。老提姆那智者在這書裡所彰顯的，或許是我永遠也無法真正瞭解的智慧。

我曾在講座與研討會中發表書中各章的內容，其他同僚提出的問題、評論、回應與鼓勵都使我獲益良多。我要特別感謝與我共同討論出許多想法的人文生態小組創始成員，包括娜塔莎·菲津（Natasha Fijn）、莉亞·吉伯斯（Leah Gibbs）、伯納黛特·赫恩斯（Bernadette Hince）、喬治·緬因（George Main）、英格瑞·麥可法藍（Ingereth Macfarland）、卡麥隆·穆爾（Cameron Muir）、艾蜜麗·歐葛曼（Emily O'Gorman）、普蘭伍德（Val Plumwood）、莉比·羅賓（Libby Robin）、竇林，與潔西卡·威爾（Jessica Weir），那些愉快的聚會對我意義重大。我也感謝聖經與批判理論小組成員，尤其是博爾（Roland Boer），他使我在探討聖經時不致偏離原意。以下這三場研討會對於我發展書中相想法特別有幫助：「日漸擴展的環境與生態學研究」（Environments and Ecologies in an Expanded Field，二〇〇四年舉行於阿德雷德）；「忠於大地：文化、批判理論與環境研討會」（Be True to Earth: A Conference on Culture, Critical Theory and the Environment，二〇〇五年舉行於墨爾本），以及「伊曼紐爾·列維納斯一百週年紀念研討會：〈我的優勢地位〉：今日的列維納斯」（Emmanuel Levinas Centenary Conference: 'My Place in the Sun': Levinas Today，二〇〇六年舉行於布里斯本）。感謝主辦人以及指導人，包括：海瑟·柯爾（Heather Kerr）、艾蜜麗·波特（Emily Potter）、凱特·塔克（Kate Tucker）、凱特·瑞格比（Kate Rigby）、米雪兒·沃克（Michelle Boulous Walker）與安卓菈·赫斯特（Angela Hirst）。書中營火旁對話情節的靈感，來自於馬秀絲（Freya Mathews），我非常感謝她的建議，也很高興能在彼此分享時腦力激盪出許多智慧的火花。

普蘭伍德是人文生態小組其中一位重要成員（參 www.ecologicalhumanities.org）。我非常喜愛與她之間的每一次對話，以及她精彩的批判與聚精會神的思考方式。無論她生前或死後，都與本書原稿有緊密的關聯。我真的好想念她。

我在旅行途中都帶著原稿，並特別喜歡在不同的地方寫作。感謝布朗特·傑克森、馬秀絲等招待我食物、住處與陪伴的親朋好友，也感謝我特別流連忘返的咖啡廳，包含西雅圖的

Top Pot、坎培拉的 the Gods，以及雪梨的 Java Lava。

本書部分完成於我在澳洲國立大學（Australian National University）資源與環境研究中心（今環境與社會學院）擔任高級資深研究員期間，完書時我則是麥考瑞大學（Macquarie University）社會包容研究中心社會包容學系教授。我特別感謝芭努．西乃與麥特．邱路，他們在文章定稿方面給予協助。

我曾以其他標題在別處發表過第五章〈歐力旺之犬〉的內容，包含："The Rivers of Babylon." in *Manoa 18*, no. 2（Winter, 2006）、"Journey: Distance, Proximity and Death." in *Landscapes of Exile*, ed. Anna Haebish and Baden Offord (London: Peter Lang, 2008)、以及"Rivers of Babylon." in Stories of Belonging, ed. Kali Wendorf (Werriewood, New South Wales: Finch, 2009)。第八章〈如果歷史天使是一隻狗〉早期版本亦曾發表於 *Cultural Studies Review 12*, no. 1(2006): 65-78。

狗遭大屠殺的故事擷取於班特夫婦（Ronald and Catherine Berndt）寄給西雅圖華盛頓大學政治科學系林登．曼德（Linden A. Mander）教授的北方農場生活記事中，摘取一則短篇的小故事。Geoffrey Gray, *Abrogating Responsibility: Vesteys, Anthropology and the Future of Aboriginal People* (Melbourne: Australian Scholarly Publishing, 2010) 亦曾引用同一則故事，經班特夫婦遺

稿保管人約翰·史坦頓（John E. Stanton）同意後刊出。

我感謝史蒂芬·艾德格（Stephen Edgar）同意我再版首度發表於 *Where the Trees Were*（Charnwood, Australian Capital Territory: Ginninderra Press, 1999）的〈車諾比之犬〉（Chernobyl Dogs）一文。最後，我感謝波亞爾與可洛寧同意我刊登他們的詩，也感謝 *Australian Humanities Review*（*AHR*）（www.australianhumanitiesreview.org）。波亞爾〈車隊的旅行〉（Traveling in a Caravan）、可洛寧〈無論何者成了自身〉（Whatever Becomes Itself）都首次發表於 *AHR*, no. 39-40 (2006), special section: "Ecopoetics and the Ecological Humanities in Australia."。

後記

憶故人

瓊妮·亞當森 Joni Adamson
美國亞利桑那州立大學環境人文學系教授

她是世人深愛的美麗靈魂，我們這位可愛又體貼的朋友，在今年（2018）十二月廿一日離開了人世。無論過去或未來，我都會慶幸自己能認識她，與她和琳達·霍根（Linda Hogan）共同合作，將《人文關懷環境》（*Humanities for the Environment*）一書改編成對話。她承諾在能藉此將文字發揮更大功效的前提下，貢獻一己之力，並建議將我們的文字轉化成對談。過去這三年來，我和她以及琳達打了一場艱辛又漂亮的仗，不斷透過電話和電子郵件對話，最後她與琳達完成了兩章的對談文字。

過去三年之所以漂亮，用小黛的話來說，是因為我們成為了三名藉寫作分享經驗的「以書寫為志的女人」。若說一路艱辛，則是因為有人生病，也遭遇我們深愛的人過世，但最後仍透過閱讀琳達的詩撐了過來。小黛因需要休養而一度與我們中斷聯繫，她後來回來告訴我們，她已決心要善用生命剩餘的每一分鐘，並建議我們重新用以下的這些問題，重新繼續我們的工作，這些問題提醒我們要「活出身為動物在世的天命：與地球的生命有深刻又豐富的連結」：

地上萬物瞬息萬變，是否代表我們應以不同的方式來與地球上的生命相互對待？或應透過我們應有的方式（血緣、愛、責任、對於感覺能力的崇敬）來與萬物互動？讓我擔憂的，是有時碰到的念頭：既然世上一切變幻莫測，而且又出現了「警訊」，所以我們有極大的勝算做出回應。或許眞是如此，我也不知道，但我覺得更重要的是，一直以來受召來透過血緣關係和愛等方式來交流的，其實都是我們（我指的是人類）。原住民早就明白這點，這不僅是古老的知識，也具有深遠的意義。即使人類並未帶來龐大的衝擊，即使我們這個時代並未面臨巨大的毀滅，我們仍會受到召喚，要活出我們身爲動物在世的天命——與地球的生命有深刻又豐富的連結。西方人類的作爲長久以來已明顯表現出對於自己是誰及如何適應其中的輕率無知，但這種無知一直以來都只是個強烈的錯覺。

她的好友哈特利（James Hatley）向我們分享小黛的女兒香朵（Chantal）說過的一段話：「她從這世界功成身退那晚的月亮，是我所見過最明亮動人，也最清朗的一次。當時七姊妹也在高掛在天，靜靜看著。」

21 引自 ibid., 78-79.
22 Pope, "Interpretations of the Sublime Song," 45.
23 Ibid., 33.
24 Ibid., 33.
25 Ibid., 47.
26 狗在臥榻下(the dog under the couch)是普遍熟知的主題，若想更深入研究或閱讀近期發表的精闢分析，請參 Cadwallader, "When a Woman Is a Dog"。
27 Morey, "Burying Key Evidence," 165-66.
28 Ibid., 161, 164.
29 Eriksen, "Motivations for Pet-Keeping in Ancient Greece and Rome," 29, 33.
30 Boyce, "Dog in Zoroastrianism."
31 Dunn, "The Dogs of Ancient Egypt."
32 Hansen, "Indo-European Views of Death and the Afterlife," 176.
33 Boyce, "Dog in Zoroastrianism."
34 Boyce, *A History of Zoroastrianism*, 120.
35 在 Pope, "Interpretations of the Sublime Song,"
36 Bloch and Bloch, *The Song of Songs*, 17.

第十二章　初始法則

1 完整引自 Rose, *Dingo Makes Us Human*, 62.
2 Ellis, "Time Consciousness of Aboriginal Performers," 168.
3 欲瞭解這類插圖，請參 http://uic.edu/com/eye/LearningAboutCision/EyeSite/OpticalIllustions/FaceVase..shtml。
4 Ellis, "Time Consciousness of Aboriginal Performers," 168-69.
5 Boyle, "Travelling in a Caravan."
6 Shestov, *Speculation and Revelation*, 85.
7 Ibid., 87.
8 Rose, "Moral Friends' in the Zone of Disaster."
9 Wilson, *The Future of Life*, 90.
10 Cronin, "Whatever Becomes Itself."

3 Shestov, "Myth and Truth," 124, 125.
4 Levy-Bruhl, *Primitive Mythology*, 29.
5 Levy-Bruhl, *How Natives Think*, 77-78.
6 Ibid., 69-104.
7 Abram, *The Spell of the Sensuous*, 57. 亞伯蘭將共享與梅洛龐蒂著作中的認知結合，而我嘗試用他的分析，以便在另一部作品中更完整深入地探討。
8 Shestov, "Myth and Truth," 126.
9 Prigogine, *The End of Certainty*, 62.
10 Ibid., 72.
11 引自 ibid., 11.
12 Plumwood, *Feminism and the Mastery of Nature*, 96.
13 Ibid., 89-102.
14 引自 Rose, *Dingo Makes Us Human*, 70-71. 在這版本中，我已將老提姆的鄉村英文改成標準英文，並盡量保留他原文字具的樸實。
15 Haraway, *When Species Meet*, 367-68.
16 Ibid., 368.
17 Shestov, *Speculation and Revelation*, 70.
18 Mathews, *For Love of Matters*, 161-77.
19 Haraway, *When Species Meet*, 71.
20 Mathews, *For Love of Matters*, 48, 61.
21 Shestov, "Speculation and Apocalypse," 87-88 及他處。

第十一章　所羅門的智慧

1 Thubron, *The Lost Heart of Asia*, 262.
2 Plumwood, "Tasteless"、Plumwood, "Being Prey."
3 Crossan, "The Dogs beneath the Cross."
4 Fadhil, "City of Ghosts."
5 Bloch and Bloch, *The Song of Songs*, 10.
6 Crenshaw, *Old Testament Wisdom*, 3.
7 Bloch and Bloch, *The Song of Songs*, 3.
8 Alter, "The Garden of Metaphor," 139.
9 Bloch and Bloch, *The Song of Songs*, 9-10.
10 Holler, *Erotic Orality*, 3.
11 Alter, afterword to *The Song of Songs*.
12 Mathews, *For Love of Matter*, 60.
13 〈雅歌〉二章 2 節 , Bloch and Bloch, *The Song of Songs*, 55，此段以及其他段文字，都引自 Bloch and Bloch, *The Song of Songs*。
14 Alter, "The Garden of Mataphor."
15 Bloch and Bloch, *The Song of Songs*, 4:16.
16 Ibid., 1:12、6:11、1:16.
17 Ibid., 8:6-7.
18 Phipps, "The Plight of *the Song of Songs*," 23.
19 參 Whaley, introduction to *Mirrors of Mortality*, ed. Whaley.
20 引自 Davies, Death, Burial and Rebirth in the Religion of Antiquity, 119.

25 Benjamin, *Illumination*, 258.

26 Edgar, "Chernobyl Dogs," 35–39.

27 欲瞭解命運共同體，請參 Eckersley, "Deliberative Democracy, Ecological Representation and Risk"。

28 請參 Rose, *Reports from a Wild Country*。

29 雖然大家經常以為「1080 農藥」是「人道」殺害方式，但近期證據卻指出，動物可能在死前感受到極大的痛苦（參 Wallach and O'Neill, "Persistence of Endangered Species"）。

30 Hacking, "Our Fellow Animals," 24.

31 列維納斯被追問時回答說，他堅決反對造成動物痛苦（參 Atterton, "Face-to-Face with the Other Animal? "271.）。

第九章　損毀的臉

1 Lopez, *Of Wolves and Men*.

2 Scarry, *The Body in Pain*, 7、Hatley, Suffering Witness, 77-78.

3 Wiesel, "A Plea for the Dead," 229.

4 Hatley, Suffering Witness, 63.

5 與穆蘭尼加瑞（Murlanijarri）和宜瑞林哲普古（Yirilijpungu）討論澳洲野犬名字的私人通訊內容。

6 Martin, *Great Twentieth Century Jewish Philosophers*, 26.

7 此處的主要學者包含：Zachary Braiterman, *(God) after Auschwitz* 與 Richard L. Rubenstein, *After Auschwitz*，但這問題引起的漣漪遠遠超乎神學範圍。

8 Levinas, "The Paradox of Morality," 175-76，參 Tamra Wright, "Beyond the 'Eclipse of God'" 精彩的討論。

9 Levinas, "Name of a Dog, or Natural Rights," 153.

10 Fagenblat, "Back to the Other Levinas", Fagenblat, "Creation and Covenant in Levinas' Philosophical Midrash."

11 Levinas, "Martin Buber and the Theory of Knowledge," 20. 列維納斯本篇文章的目的，在於探討布伯的知識理論，因此我在此處討論的問題也環繞他的議題。

12 Levinas, "Name of a Dog, or Natural Rights," 153.

13 Linke, *Blood and Nation*, vii-xiii, 211.

14 Fagenblat, "Back to the Other Levinas," 299.

15 Kaplan, "The Metapolitics of Power and Conflict," 71 有詳細討論。

16 Hatley, *Suffering Witness*, 62-64.

17 Fackenheim, *To Mend the World*, 75.

18 Rigby, *Topographies of the Sacred*, 48-54.

19 「世代滅絕」（aenocide）一詞十分有見地，是哈特利所創的詞。（Hatley, Suffering Witness, 30-31）.

20 Tumarkin, *Traumascapes*, 190.

21 Boyle, *Apocrypha*, 231-32.

第十章　如世界般狂熱

1 Rose, *Dingo Makes Us Human*.

2 Barnard, *History and Theory in Anthropology*, 106-7.

住民的故事，重新建構對於約伯的想像。

2 Habel, "Earth First," 67.

3 《塔納赫·約伯記》三十章 20 節，斜體表示直述句。

4 Shestov, *Speculation and Revelation*, 246-50.

5 《塔納赫·約伯記》十九章 3、19 節。

6 Sebald, "Campo Santo," 7.

7 Ibid., 7.

8 〈約伯記〉七章 9-10 節，Mitchell, *Into the Whirlwind*, 29.

9 Habel, "Earth First," 70.

10 Hallote, *Death, Burial and Afterlife in the Biblical World*, 6.

11 Mieke Bal, *Death and Dissymmetry* 針對此處的「家」與血統（lineage）之間的差異，提出了有趣的分析。

12 《塔納赫·約伯記》十七章 15-16 節。

13 Hable, "Earth First," 73.

14 Taylor, "The Origins of the Mastiff."

15 《塔納赫·約伯記》三十八章 4-7 節，Mitchell, *Into the Whirlwind*, 83.

16 〈約伯記〉四十二章 2 節 . 哈伯在他的研究 The Book of Job, 577-80 中提供簡要概述幾種主要詮釋約伯話中涵意的方式，其中亦包含諷刺。

第八章 如果歷史天使是一隻狗

1 Benjamin, *Illuminations*, 257-58.

2 Wyschogrod, *Spirit in Ashes*.

3 Parfit, "The Puzzle of Reality," 420.

4 Dostoevsky, *The Grand Inquisitor*, 13.

5 Ibid., 14.

6 吉尼翁（Guignon）為杜斯妥也夫斯基的〈宗教大法官〉所寫的序文。

7 Ibid., xxx.

8 Shestov, *Speculation and Revelation*, 245-47.

9 Wiesel, "Job: Our Contemporary," 233-34.

10 Ibid., 233.

11 Ibid., 235.

12 "1080 Poison", "Safe Use of 1080 Poison."

13 Hatley, *Suffering Witness*, 60-61.

14 Ibid., 61.

15 Ibid., 23.

16 Ibid., 70.

17 Ibid., 63.

18 Ibid.

19 Margulis and Sagan, *What Is Life?* 31.

20 Ibid., 98.

21 Ibid., 5.

22 Ibid., 238.

23 Ibid., 191.

24 Ibid., 22.

12 Ibid., 91.
13 Ibid., 144.
14 Ibid., 91.
15 Quamman, *The Song of the Dodo*, 528.
16 Mathews, "Ceres: Singing up the City."
17 澳洲野犬來到澳洲本土時，塔斯馬尼亞仍屬完全遺世獨立的島嶼，因此狗只是隨著歐洲移民，來到塔斯馬尼亞島。我們或許可以透過文獻記載，瞭解原住民與狗第一次接觸的情形，可以想見當時原住民應該對於相遇感到興奮，或許狗這一方也同樣興奮不已。參 Jones, "Tasmanian Aborigines and Dogs"。
18 O'Neill, *Living with the Dingo*, 13.
19 Lopez, *Of Wolves and Men*.
20 在羊群牧場外修築更好的圍欄等替代方案與牧場業者的想法相抵觸，因為牧場業者大多認為他們可以為了牲畜著想為所欲為，任何會影響到他們慣常作法的，都違反了他們的自然權利。如果有人閱讀當時報紙的報導、網站或與他們閒聊，就會發現他們所說的每字每句，都立基於一種極端立場的總體世界觀：只要有可能危害他們牲畜的，都必須消失。
21 引自 Rose, *Dingo Makes Us Human*, 91.
22 Woodford, *The Dog Fence*, 1.
23 Ibid., 6.
24 Ibid., 68.
25 Ibid., 70（兩段文字皆引用相同出處）。
26 有人猜測原生種的耐受力較高，但結果證明只有澳洲西部的原生種耐受力較高，因為那裡的植物含有較高濃度的毒物成分。「1080 農藥」幾乎對於全澳的原生種皆有害，在某些地區甚至具有與人工林相同的遏止作用。
27 ABC, "Farming Poison Puts Tasmania's Native Animals at Risk."
28 Pickard, "Predator-Proof Fences for Biodiversity Conservation," 202.
29 Wallach and O'Neill, "Persistence of Endangered Species," 14 有詳細探討。
30 這段討論概述於 Johnson, Australia's Mammal Extinction。
31 O'Neill, *Living with the Dingo*, 105.
32 Wallach and O'Neill, "Persistence of Endangered Species," 43-44.
33 O'Neill, *Living with the Dingo*, 33.
34 Wallach and O'Neill, "Persistence of Endangered Species," 31.
35 O'Neill, *Living with the Dingo*, 36.
36 未來數量增加的或許是一種澳洲野犬／野生家犬的混合體，根據歐尼爾主張，當家族穩定時，野狗就不容易與澳洲野犬交配，因為公狗與母狗的始祖不喜歡入侵者。但當家族崩解，落單的成員就會四處尋找伴侶，並有極大的機會與野狗交配（ibid., 38）。
37 David Jenkins, 引自 Beeby, "Genetic Dilution Dogs Dingoes," 5.
38 Lopez, *Of Wolves and Men*, 199.

第七章 約伯的哀痛

1 〈約伯記〉是很「典型」的作品：它雖然一直對我們不利，卻又仍向我們說話（Schreiner, *Where Shall Wisdom Be Found?*）。我很難探討過去關於〈約伯記〉的文獻，因此，我只能謙虛地希望能透過本書，在原住民的故事中帶入〈約伯記〉的討論，並透過原

8 Plato, *Phaedrus*, 78.
9 Shestov, *Athens and Jerusalem*, 65.
10 Ibid., 65.
11 Shestov, *Speculation and Revelation*, 47.
12 引述於 Derrida, *The Final Forest*, 110.
13 概括於 Mellor, *Feminism and Ecology*.
14 Ciancio and Nocentini, "Forest Management from Positivism to the Culture of Complexity."
15 Prigogine, *The End of Certainty*, 19-27.
16 Plumwood, *Feminism and the Mastery of Nature* 有詳細討論。
17 Margulis and Sagan, *What Is Life?* 226.
18 Hoffmeyer, *Signs of Meaning in the Universe*, 24.
19 Bateson, *Steps to an Ecology of Mind*, 436-47.
20 Prigogine, *The End of Certainty*, 72.
21 Margulis and Sagan, *What Is Life?* 86.
22 Ibid., 191.

第五章 歐力旺之犬

1 Robinson, *Altjeringa and Other Aboriginal Poems*, 25.
2 Twain, "*Following the Equator.*"
3 Leithauser, "Zodiac: A Farewell."
4 Hearne, *Animal Happiness*, 97.
5 Dianne Johnson, "The Pleiades in Australian Aboriginal and Torres Strait Islander Astronomies," 24-28，故事內容請參第 26 頁。
6 Twain, *The Adventures of Tom Sawyer and the Adventures of Huckleberry Finn*, 49.
7 引述於 Hasel, "The Origin and Early History of the Remnant Motif in Ancient Israel," 90.
8 參 Lopez, *Of Wolves and Men*, 38-39 瞭解狼的各種嗥叫。
9 www.dingoconservation.org
10 引自一張介紹史都華泉公路旅館與車隊公園的明信片。
11 Dowe and McNaughton, "Rivers of Babylon," 63.

第六章 將他者唱出來

1 Shepard, *The Others*, 11.
2 Ibid., 118-19.
3 Haraway, *When Species Meet*, 3.
4 Shepard, *The Others*, 119.
5 Leopold, *A Sand County Almanac*, 224-25.
6 Margulis and Sagan, *What Is Life?* 43.
7 Ibid., 17, 31.
8 Ibid., 17.
9 Ibid., 31, Haraway, *When Species Meet*, 32-33.
10 Margulis and Sagan, *What Is Life?* 31.
11 Ibid., 156-57.

第三章　巴比的臉是我所愛

1 Levinas, "Name of a Dog, or Natural Rights," 152.
2 Ibid., 153.
3 Clark, "Towards a Prehistory of the Postanimal."
4 例如：Casper, "Responsibility Rescued"、Grob, "Emmanuel Levinas and the Primacy of Ethics in Post-Holocaust Philosophy"，以及 Rose, *Reports from a Wild Country*。
5 許多探討巴比的文章都十分精彩，包含：Atterton, "Face-to-Face with the Other Animal?"、Cavalieri, "A Missed Opportunity"，以及 Wolfe, *Animal Rites*。
6 Llewelyn, "Am I Obsessed by Bobby?" 237.
7 Clark, "On Being 'the Last Kantian in Nazi Germany,'" 190-91.
8 Steeves, "Lost Dog," 53.
9 舉例而言，阿岡本在《開敞世界》(*The Open*)中主張，過去早已有人提出形上學能在人與動物之間相對的差異中維繫人類意義的想法。
10 引述於 Fackenheim, *To Mend the World*, 273.
11 Bauman, "The Holocaust's Life as a Ghost," 13, 14.
12 克拉克在近期未發表的文章 "Towards a Prehistory of the Postanimal"帶領讀者廣泛地閱讀，使我們更能玩索列維納斯文章的細微之處。
13 *Tanakh*: The Holy Scriptures. 提及上帝禁止狗所做的事情之處的翻譯稍有出入：我翻「低吼」(snarl)，列維納斯翻成「咆哮」(growl)，史帝夫斯等其他學者，則更深入鑽研希伯來文的詞彙，但無論如何，我們彼此之間都同意，此時狗已無法發出聲音。
14 Levinas, "Name of a Dog, or Natural Rights," 152.
15 Schwartz, *The Curse of Cain*.
16 Alter, *The Art of Biblical Narrative*.
17 Soloveitchik, *The Lonely Man of Faith*, 9-26.
18 Amichai, "On the Night of the Exodus."
19 Coetzee, *Disgrace*, 146. 以下內容將穿插相關引文。
20 也可參 Hacking, "Our Fellow Animals," 24.
21 引述於 Oppenheim, *Speaking/Writing of God*, 54。
22 Irigaray, "Questions to Emmanuel Levinas," 182.
23 Oppenheim, *Speaking/Writing of God*, 54.
24 要求曾被關在集中營的人能擁抱這世界的美應是強人所難，即使如此，仍有 Viktor Frankl, *Man's Search for Ultimate Meaning* 等少數作品已成功做到如此。我應再次申明，列維納斯寫下這段故事時，已是事件發生三十年後。
25 Derrida, "The Animal That Therefore I Am (More to Follow)," 399.

第四章　生態存在主義

1 Martin, "Introduction."
2 Shestov, *Athens and Jerusalem*, 180.
3 Herberg, *Four Existentialist Theologians*, 2.
4 Jonas, *The Gnostic Religion*, 323.
5 Soloveitchik, *The Lonely Man of Faith*, 70. 已有多位傑出的女性主義思想家，針對這種神學的性別面向提出探討(例如可以參見 Plaskow, *Standing Again at Sinai*)。
6 Haraway, *When Species Meet*、Tsing, "Unruly Edges".
7 Shestov, "Myth and Truth," 73.

25 Tsing, "Unruly Edges"、 Shepard, *The Others*，以及 Graham, "Some Thoughts on the Philosophical Underpinnings of Aboriginal Worldviews."
26 Eckersley, "Deliberative Democracy, Ecological Representation and Risk"; van Dooren, "Being-with-Death."
27 雖然漢娜·鄂蘭以人類為主要探討對象，卻未因此忽略人類以外的世界（參 Arendt, *The Human Condition*）。唐娜·哈洛威使用的詞是「世界的形成」(worlding)，而非「世界的塑造」(world-making)（參 Haraway, *When Species Meet*）。
28 Newton, *Narrative Ethics*, 12.
29 Hatley, *Suffering Witness*, 24ff.
30 Abram, *The Spell of the Sensuous*.
31 Fackenheim, *To Mend the World*, 141.
32 Hearne, *Adam's Task*, 264.
33 "Transcript of Proceedings: North West Simpson Desert Land Claim (No. 126)," 317.
34 Oppenheim, *Speaking/Writing of God*, 54.

第二章　深究滅絕

1 Harvey, *Animism*, xi.
2 Rose, *Hidden Histories*，特別是第九章。
3 Prigogine, *The End of Certainty*, 158.
4 Margulis and Sagan, *What Is Life?* 55.
5 van Dooren, "Being-with-Death," 10.
6 Hatley, *Suffering Witness*.
7 Ibid., 212.
8 Ibid., 60-61.
9 參 Rose, *Reports from a Wild Country*。
10 Agamben, *The Open* 以及其他參考資料。
11 許多作者都曾提出相同論點，「超分離」的探討請見 Plumwood, *Feminism and the Mastery of Nature*，人與動物之間自然文化請見 Haraway, *When Species Meet*.
12 Derrida, "The Animal That Therefore I Am" (More to Follow)," 394.
13 如同本書後面幾章所述，德希達並非唯一將兩者並列的學者。我想指出的是，伊曼紐爾·列維納斯雖然稍微將命定順序發生的死亡作為與動物和人類並列，卻在人與非人的動物之間重新劃出一條絕對的界線，而沒有繼續研究更深入的倫理相關問題。
14 Derrida, "The Animal That Therefore I Am" (More to Follow)," 394.
15 Clark, "On Being ':the Last Kantian in Nazi Germany,'" 176 所探討的德希達概念。
16 Ibid., 171.
17 Ibid.
18 引述於 Gray, *Abrogating Responsibility*。
19 Ibid.
20 詳細探討於 Wyschogrod, Emmanuel Levinas, 229。
21 Clark, On Being 'the Last Kantian in Nazi Germany,' 185.
22 Derrida, "The Animal That Therefore I Am" (More to Follow)," 394.
23 Bauman, *Wasted Lives*, 39.

章節附註

推薦序

1 Haraway, Donna (2016) *Staying with the Trouble: Making Kin in the Chthulecene.* Durham: Duke University Press. P. 35.

2 Latour, Bruno (2005) *Reassembling the Social : An Introduction to Actor-Network-Theory.* New York: Oxford University Press. P. 52.

3 這項探索許多工作都是與 John Law 合作的思考與嘗試。

4 參見 Viveiros de Castro, E. (2012). *Cosmologies: Perspectivism in Amazonia and Elsewhere. Manchester,* HAU Network of Ethnographic Theory.、Strathern, M. (1991). *Partial Connection.* New York, Rowman and Littlefield. 與 Chakrabarty, D. (2000). *Provincializing Europe: Postcolonial Thought and Historical Difference.* Princeton and Oxford, Princeton University Press.

5 例如，在林益仁教授引介下，讓我體會到台灣各原住民族群的不同世界觀與思維模式同樣可作為分析方法。

第一章 智慧哪裡找？

1 www.colongwilderness.org.au/Dingo/Dingopage.htm

2 Wilson, *The Future of Life*, 77.

3 Milton, "Fear for the Future."

4 引述於 Ivan Doig, "West of the Hudson, Pronounced 'Wallace,'" 127.

5 參 Rose, *Dingo Makes Us Human*.

6 參 Rose, *Hidden Histories*.

7 大衛·高皮利於自傳電影中口述（參 Darlene Johnson, *Gulpilil: One Red Blood*）。

8 Kepnes, The Text as Thou, 125.

9 Fackenheim, To Mend the World.

10 Shestov, *Athens and Jerusalem*, 63.

11 Ibid., 70.

12 Rose, *Hidden Histories* 中有詳細討論。

13 http://en.wikipedia.org/wiki/Rain_Dogs.

14 Jonas, *The Gnostic Religion*, 325.

15 Ibid., 290.

16 Ibid., 323-25.

17 Ibid., 327-30.

18 Kohak, The Embers and the Stars, 5.

19 Heidegger, "The Way Back into the Ground of Metaphysics," 214.

20 Buber, *Between Man and Man*, 167.

21 引述於 Bauman, *Postmodern Ethics*, 221.

22 Kohak, "Varieties of Ecological Experience," 268.

23 Kohak, "The True and the Good," 291.

24 Newton, *Narrative Ethics*, 12.

2003.
Wright, Tamra. "Beyond the 'Eclipse of God': The *Shoah* in the Jewish Thought of Buber and Levinas." In *Levinas & Buber: Dialogue & Difference*, edited by Peter Atterton, Matthew Calarco, and Maurice Friedman, 203–55. Pittsburgh: Duquesne University Press, 2004.
Wyschogrod, Edith. *Emmanuel Levinas: The Problem of Ethical Metaphysics.* New York: Fordham University Press, 2000.
———. *Spirit in Ashes: Hegel, Heidegger, and Man-Made Mass Death*. New Haven: Yale University Press, 1985.

Press, 1996.
Shestov, Lev. *Athens and Jerusalem*. Translated by Bernard Martin. New York: Simon and Schuster, 1968.
———. "Myth and Truth: On the Metaphysics of Knowledge." In *Speculation and Revelation*, by Shestov, 118–29. Athens: Ohio University Press, 1982a.
———. "Speculation and Apocalypse: The Religious Philosophy of Vladimir Solovyov." In *Speculation and Revelation*, by Shestov, 18–88. Athens: Ohio University Press, 1982c.
———. *Speculation and Revelation*. New York: Simon and Schuster, 1982b. Soloveitchik, Joseph. *The Lonely Man of Faith*. New York: Three Leaves Press; Doubleday, 2006.
Steeves, Peter. "Lost Dog." In *The Things Themselves: Phenomenology and the Return to the Everyday*, 49–63. Albany: State University of New York Press, 2006.
Tanakh: The Holy Scriptures. The New JPS Translation According to the Traditional Hebrew Text. Philadelphia: Jewish Publication Society, 1985.
Taylor, Tamara. "The Origins of the Mastiff." *Canis Max* (Winter 1996–97). http://people.unt.edu/~tlt0002/mastiff.htm
"1080 Poison." www.geocities.com/littlenails/Bib1080Poison.html. Thubron, Colin. *The Lost Heart of Asia*. New York: HarperCollins, 1994.
"Transcript of Proceedings: North West Simpson Desert Land Claim (No. 126)." Adelaide: Commonwealth Reporting Service, Commonwealth of Australia, 1990.
Tsing, Anna. "Unruly Edges: Mushrooms as Companion Species." In *NatureCultures: Thinking with Donna Haraway*, edited by S. Ghamari-Tabrizi. Cambridge: MIT Press, forthcoming.
Tumarkin, Maria. *Traumascapes: The Power and Fate of Places Transformed by Tragedy*. Melbourne: Melbourne University Press, 2005.
Twain, Mark. [Samuel Clemens]. "*Following the Equator*: A Journey around the World." *Harper's*, 1903. In *Following the Equator*. www.classicbookshelf.com/ library/mark_twain/following_the_eqator.
———. *The Adventures of Tom Sawyer and the Adventures of Huckleberry Finn*.
1936. New York: Heritage Press, 1940.
van Dooren, Thom. "Being-with-Death: Heidegger, Levinas, Derrida & Bataille on Death." Honor's thesis, 2002.
Wallach, Arian, and Adam O'Neill. *Persistence of Endangered Species: Is the Dingo the Key?* Report for DEH Wildlife Conservation Fund, 2008.
Whaley, Joachim. Introduction to *Mirrors of Mortality: Studies in the Social History of Death*, edited by Whaley, 1–14. London: Europa, 1981.
Wiesel, Ellie. "Job: Our Contemporary." In *Messengers of God: Biblical Portraits and Legends*, 211–35. New York: Random House, 1985.
———. "A Plea for the Dead." In Legends of Our Time, by Wiesel, 213–37. New York: Avon Books, 1970.
Wilson, Edward O. *The Future of Life*. New York: Knopf, 2002.
Wolfe, Cary. *Animal Rites: American Culture, the Discourse of Species, and Posthumanist Theory*. Chicago: University of Chicago Press, 2003.
Woodford, James. *The Dog Fence: A Journey across the Heart of Australia*. Melbourne: Text,

Bloom, 5–32. New York: Chelsea House, 1988.
Pickard, John. "Predator-Proof Fences for Biodiversity Conservation: Some Lessons from Dingo Fences." In *Animals of Arid Australia: Out on Their Own?* edited by Chris Dickman, Daniel Lunney, and Shelley Burgin, 197–207. Mosman: Royal Zoological Society of New South Wales, 2007.
Plaskow, Judith. *Standing Again at Sinai: Judaism from a Feminist Perspective.*
San Francisco: Harper and Row, 1990.
Plato. *Phaedrus.* Translated by R. Hackforth. Cambridge: Cambridge University Press, 1997.
Plumwood, Val. "Being Prey." http://valplumwood.com/2008/03/08/being-prey/.
———. *Feminism and the Mastery of Nature.* London: Routledge, 1993.
———."Tasteless: Towards a Food-Based Approach to Death." *Environmental Values* 17, no. 3 (2008): 323–31.
Pope, Marvin. "Interpretations of the Sublime Song: Love and Death." In *The Song of Songs*, edited by Harold Bloom, 25–48. New York: Chelsea House, 1998.
Prigogine, Ilya. *The End of Certainty: Time, Chaos and the New Laws of Nature.* New York: Free Press, 1997.
Quamman, David. *The Song of the Dodo: Island Biogeography in an Age of Extinctions.* New York: Scribner, 1996.
Rigby, Kate. *Topographies of the Sacred: The Poetics of Place in European Romanticism.* Charlottesville: University of Virginia Press, 2004.
Robinson, Roland. *Altjeringa and Other Aboriginal Poems.* Sydney: A. H. and A. W. Reed, 1970.
Rose, Deborah Bird. *Dingo Makes Us Human.* Cambridge: Cambridge University Press, 2000.
———. *Hidden Histories: Black Stories from Victoria River Downs, Humbert River, and Wave Hill Stations, North Australia.* Canberra: Aboriginal Studies Press, 1991.
———. "'Moral Friends' in the Zone of Disaster." *Tamkang Review* 37, no. 1 (Autumn 2006): 7–97.
———. *Reports from a Wild Country: Ethics for Decolonisation.* Sydney: University of New South Wales Press, 2004.
Rubenstein, Richard L. *After Auschwitz: History, Theology, and Contemporary Judaism.* Baltimore: Johns Hopkins Univ. Press, 1992.
"Safe Use of 1080 Poison." www.agric.wa.gov.au/agency/pubns/farmnote/1996/ T10596.html.
Scarry, Elaine. *The Body in Pain: The Making and Unmaking of the World.* New York: Oxford University Press, 1985.
Schreiner, Susan. *Where Shall Wisdom Be Found?: Calvin's Exegesis of Job from Medieval and Modern Perspectives.* Chicago: University of Chicago Press, 1994. Schwartz, Regina. *The Curse of Cain: The Violent Legacy of Monotheism.* Chicago: University of Chicago Press, 1997.
Sebald, W. G. "Campo Santo." *Words without Borders: The Online Magazine for International Literature.* 2005. http://wordswithoutborders.org/article/ camposanto/.
Shepard, Paul. *The Others: How Animals Made Us Human.* Washington, D.C.: Island

16–17.
Leopold, Aldo. *A Sand County Almanac*. London: Oxford University Press, 1949. Levinas, Emmanuel. "Martin Buber and the Theory of Knowledge." In *Proper Names*, by Levinas, 17–35. London: Athlone Press, 1996.
———. "Name of a Dog, or Natural Rights." In *Difficult Freedom: Essays on Judaism*, 151–53. Baltimore: Johns Hopkins University Press, 1990.
———. "The Paradox of Morality: An Interview with Emmanuel Levinas." In *The Provocation of Levinas: Rethinking the Other*, edited by Robert Bernasconi and David Woods, 168–80. London and New York: Routledge, 1988.
Lévy-Bruhl, Lucien. *How Natives Think*. Translated by Lilian Clare. London: George Allen and Unwin, 1926.
———. *Primitive Mythology: The Mythic World of the Australian and Papuan Natives*. Translated by Brian Elliott. St Lucia: Queensland University Press, 1983.
Linke, Uli. *Blood and Nation: European Aesthetics of Race*. Philadelphia: University of Pennsylvania Press, 1999.
Llewelyn, John. "Am I Obsessed by Bobby? (Humanism of the Other Animal)." In *Re-Reading Levinas*, edited by Robert Bernasconi and Simon Critchley, 234–45. London: Athlone, 1991.
Lopez, Barry. *Of Wolves and Men*. New York: Scribner's, 1978.
Margulis, Lynn, and Dorion Sagan. *What Is Life?* Berkeley and Los Angeles: University of California Press, 2000.
Martin, Bernard. *Great Twentieth Century Jewish Philosophers: Shestov, Rosenzweig, Buber, with Selections from Their Writings*. New York: Macmillan, 1969.
———. "Introduction: The Life and Thought of Lev Shestov." In *Athens and Jerusalem*, 11–44. New York: Simon and Schuster, 1968.
Mathews, Freya. "Ceres: Singing up the City." *PAN: Philosophy, Activism, Nature* 1 (2000): 5–15.
———. *For Love of Matter: A Contemporary Panpsychism*. Albany: State University of New York Press, 2003.
Mellor, Mary. *Feminism and Ecology*. Cambridge: Polity Press, 1997.
Milton, Kay. "Fear for the Future." *Australian Journal of Anthropology* 19, no. 1 (2008): 73–76.
Mitchell, Stephen. *Into the Whirlwind: A Translation of the Book of Job*. Garden City: Doubleday, 1979.
Morey, Darcy. "Burying Key Evidence: The Social Bond between Dogs and People." *Journal of Archaeological Science* 33 (2006): 158–75.
Newton, Adam. *Narrative Ethics*. Cambridge: Harvard University Press, 1995. O'Neill, Adam. *Living with the Dingo*. Sydney: Envirobooks, 2002.
Oppenheim, Michael. *Speaking/Writing of God: Jewish Reflections on the Life with Others*. Albany: State University of New York Press, 1997.
Parfit, Derek. "The Puzzle of Reality: Why Does the Universe Exist?" In *Metaphysics: The Big Questions*, edited by Peter van Inwagen and Dean Zimmerman, 418–27. Malden: Blackwell, 1998.
Phipps, William. "The Plight of *the Song of Songs*." In *The Song of Songs*, edited by Harold

Press, 2006.
Hasel, Gerhard. "The Origin and Early History of the Remnant Motif in Ancient Israel." Ph.D. diss., Vanderbilt University, 1970.
Hatley, James. *Suffering Witness: The Quandary of Responsibility after the Irreparable*. Albany: State University of New York Press, 2000.
Hearne, Vicki. *Adam's Task: Calling Animals by Name*. Pleasantville, N.Y.: Akadine Press, 2000.
———. *Animal Happiness: A Moving Exploration of Animals and Their Emotions*. New York: Harper Perennial, 1995.
Heidegger, Martin. "The Way Back into the Ground of Metaphysics." In *Existentialism from Dostoevsky to Sartre*, edited by Walter Kaufman, 206–21. New York: Meridian Books, 1949.
Herberg, Will. *Four Existentialist Theologians: A Reader from the Works of Jacques Maritain, Nicolas Berdyaev, Martin Buber, and Paul Tillich*. Garden City: Doubleday, 1958.
Hoffmeyer, Jesper. *Signs of Meaning in the Universe*. Translated by Barbara Haveland. Bloomington: Indiana University Press, 1993.
Holler, Linda. *Erotic Orality: The Role of Touch in Moral Agency*. New Brunswick, N.J.: Rutgers University Press, 2002.
Irigaray, Luce. "Questions to Emmanuel Levinas: On the Divinity of Love." In *Re-Reading Levinas*, edited by Robert Bernasconi and Simon Critchley, 109–18. London: Athlone, 1991.
Johnson, Chris. *Australia's Mammal Extinctions: A 50,000-Year History*. New York, Cambridge, and Port Melbourne: Cambridge University Press, 2006.
Johnson, Darlene, dir. *Gulpilil: One Red Blood*. Australia: Ronin Films, 2007. Johnson, Dianne. "The Pleiades in Australian Aboriginal and Torres Strait Islander Astronomies." In *The Oxford Companion to Aboriginal Art and Culture*, edited by S. Kleinert and M. Neale, 24–28. Melbourne: Oxford University Press, 2000.
Jonas, Hans. *The Gnostic Religion*. Boston: Beacon Press, 2001.
Jones, Rhys. "Tasmanian Aborigines and Dogs." *Mankind* 7 (1970): 256–71.
Kaplan, H. "The Metapolitics of Power and Conflict." In *The Holocaust's Ghost: Writing on Art, Politics, Law and Education*, edited by F. C. Decoste and Bernard Schwartz, 65–74. Edmonton: University of Alberta Press, 2000.
Kepnes, Steven. *The Text as Thou: Martin Buber's Dialogical Hermeneutics and Narrative Theology*. Bloomington: Indiana University Press, 1992.
Kohak, Erazim. *The Embers and the Stars: A Philosophical Inquiry into the Moral Sense of Nature*. Chicago: University of Chicago Press, 1984.
———. "The True and the Good: Reflections on the Primacy of Practical Reason." In *Philosophies of Nature: The Human Dimension*, edited by R. S. Cohen and A. I. Tauber, 209–19. London: Kluwer Academic Publishers, 1988.
———. "Varieties of Ecological Experience." In *Philosophies of Nature: The Human Dimension*, edited by R. S. Cohen and A. I. Tauber, 257–71. London: Kluwer Academic Publishers, 1998.
Leithauser, Brad. "Zodiac: A Farewell." *New York Review of Books* 51, no. 18 (2004):

htm.

Eckersley, Robyn. "Deliberative Democracy, Ecological Representation and Risk: Toward a Democracy of the Affected." In *Democratic Innovation: Deliberation, Representation and Association*, edited by Michael Saward, 117–32. London: Routledge, 2000.

Edgar, Stephen. "Chernobyl Dogs." In *Where the Trees Were*. Canberra: Ginninderra Press, 1999.

Ellis, Cath. "Time Consciousness of Aboriginal Performers." In *Problems and Solutions: Occasional Essays in Musicology Presented to Alice M. Moyle*, edited by Jamie Kassler and Jill Stubington, 149–85. Sydney: Hale and Iremonger, 1984.

Eriksen, Philippe. "Motivations for Pet-Keeping in Ancient Greece and Rome: A Preliminary Survey." In *Companion Animals and Us: Exploring the Relationship between People and Pets*, edited by Anthony Podberscek and Elizabeth Paul, 27–41. New York: Cambridge University Press, 2000.

Fackenheim, Emil. *To Mend the World: Foundations of Post-Holocaust Jewish Thought*. Bloomington: Indiana University Press, 1994.

Fadhil, Ali. "City of Ghosts." *Guardian*, 11 January 2005. www.guardian.co.uk/world/2005/jan/11/iraq.features11.

Fagenblat, Michael. "Back to the Other Levinas: Reflections Prompted by Alain P. Toumayan's *Encountering the Other: The Artwork and the Problem of Difference in Blanchot and Levinas*." Colloquy 10 (2005): 298–313.

———. "Creation and Covenant in Levinas' Philosophical Midrash." Paper presented at the *Bible and Critical Theory* Seminar, Melbourne, Australia, 2006.

Frankl, Viktor. *Man's Search for Ultimate Meaning*. New York: Perseus, 2000. Graham, Mary. "Some Thoughts on the Philosophical Underpinnings of Aboriginal Worldviews." *Australian Humanities Review*, no. 45 (2008).

Gray, Geoffrey. *Abrogating Responsibility: Vesteys, Anthropology and the Future of Aboriginal People*. Melbourne: Australian Publishing Company, 2010.

Grob, Leonard. "Emmanuel Levinas and the Primacy of Ethics in Post-Holocaust Philosophy." In *Ethics after the Holocaust: Perspectives, Critiques, and Responses*, edited by John Roth, 1–14. St Paul, Minn.: Paragon House, 1999.

Guignon, Charles. Introduction to *The Grand Inquisitor*, by Fyodor Dostoevsky. Indianapolis: Hackett, 1993.

Habel, Norman. *The Book of Job: A Commentary*. Philadelphia: Westminster Press, 1985.

———. "Earth First: Inverse Cosmology in Job." In *The Earth Story in Wisdom Traditions*, edited by Norman Habel and Shirley Wurst, 65–77. Sheffield: Sheffield Academic Press, 2001.

Hacking, Ian. "Our Fellow Animals." *New York Review of Books* 29, no. 11 (2000): 20–26.

Hallote, Rachel. *Death, Burial and Afterlife in the Biblical World*. Chicago: Ivan R. Dee, 2001.

Hansen, Leigh Jellison. "Indo-European Views of Death and the Afterlife as Determined from Archaeological, Mythological and Linguistic Sources." Ph.D. diss., University of California, 1987.

Haraway, Donna. *When Species Meet*. Minneapolis: University of Minnesota Press, 2008.

Harvey, Graham. *Animism: Respecting the Living World*. New York: Columbia University

———. "Travelling in a Caravan." *Australian Humanities Review*, no. 39–40 (2006). www.australianhumanitiesreview.org/archive/Issue-September-2006/boyle. html.

Braiterman, Zachary. *(God) after Auschwitz: Tradition and Change in Post-Holocaust Jewish Thought*. Princeton, N.J.: Princeton University Press, 1998.

Buber, Martin. *Between Man and Man*. Translated by Ronald Smith. London: Kegan Paul, 1947.

Cadwallader, Allan. "When a Woman Is a Dog: Ancient and Modern Ethology Meet the Syrophoenician Women." *Bible and Critical Theory* 1, no. 4 (2005): 35.1–35.17.

Casper, Bernhard. "Responsibility Rescued." In *The Philosophy of Franz Rosenzweig*, edited by Paul Mendes-Flohr, 89–106. Hanover, N.H.: University Press of New England, 1988.

Cavalieri, Paola. "'A Missed Opportunity': Humanism, Anti-Humanism and the Animal Question." In *Animal Subjects: An Ethical Reader in a Posthuman World*, edited by Jodey Castricciano, 97–123. Ontario: Wilfrid Laurier University Press, 2008.

Ciancio, O., and S. Nocentini. "Forest Management from Positivism to the Cul ture of Complexity." In *Methods and Approaches in Forest History*, edited by M. Agnoletti and S. Anderson, 47–58. Wallingford, U.K.: CABI, 2000.

Clark, David. "On Being 'the Last Kantian in Nazi Germany': Dwelling with Animals after Levinas." In *Animal Acts: Configuring the Human in Western History*, edited by Jennifer Ham and Matthew Senior, 165–98. New York: Routledge, 1999.

———. "Towards a Prehistory of the Postanimal: Kant, Levinas, and the Regard of Brutes." Manuscript. 2006.

Coetzee, J. M. *Disgrace*. London: Vintage Books, 2000.

Crenshaw, James. *Old Testament Wisdom: An Introduction*. Louisville: Westminster John Knox Press, 1998.

Cronin, M. T. C. "Whatever Becomes Itself." *Australian Humanities Review*, no. 39–40 (2006). www.australianhumanitiesreview.org/archive/Issue-September-2006/cronin.html.

Crossan, John Dominic. "The Dogs beneath the Cross." In *Jesus: A Revolutionary Biography*. New York: HarperCollins, 1994.

Davies, Jon. Death, *Burial and Rebirth in the Religions of Antiquity*. London: Routledge, 1999.

Derrida, Jacques. "The Animal That Therefore I Am (More to Follow)." *Critical Inquiry* 28, no. 2 (2002): 369–418.

Dietrich, William. *The Final Forest: The Battle for the Last Great Trees of the Pacific Northwest*. New York: Penguin Books, 1992.

Doig, Ivan. "West of the Hudson, Pronounced 'Wallace.'" In *The Geography of Hope: A Tribute to Wallace Stegner*, edited by Page Stegner and Mary Stegner, 125–29. San Francisco: Sierra Club Books, 1996.

Dostoevsky, Fyodor. *The Grand Inquisitor: With Related Chapters from the Brothers Karamazov*. Indianapolis: Hackett, 1993.

Dowe, Brent, and Trevor McNaughton. "Rivers of Babylon." In *Rise up Singing*, edited by Peter Blood and Annie Patterson, 63. Bethlehem, Pa.: Sing Out Publications, 1992.

Dunn, Jimmy. "The Dogs of Ancient Egypt." www.touregypt.net/featurestories/ dogs.

參考文獻

ABC. "Farming Poison Puts Tasmania's Native Animals at Risk." Australia, 2001. *ABC Television transcript, Broadcast 17 April 2001. www.abc.net.au/7.30/* content/2001/s278482.htm.

Abram, David. *The Spell of the Sensuous: Perception and Language in a MoreThan-Human World*. New York: Vintage Books, 1996.

Agamben, Giorgio. *The Open: Man and Animal*. Translated by Kevin Attell. Stanford, Calif.: Stanford University Press, 2004.

Alter, Robert. Afterword to *The Song of Songs. With an Introduction and Commentary*, 119–36. Berkeley and Los Angeles: University of California Press, 1995.

———. *The Art of Biblical Narrative*. London: Allen and Unwin, 1981.

———. "The Garden of Metaphor." In *The Song of Songs*, edited by Harold Bloom, 121–39. New York: Chelsea House, 1988.

Amichai, Yehuda. "On the Night of the Exodus." Translated by Chana Bloch and Chana Kronfeld. *New York Review of Books* 46, no. 6 (1999): 9.

Arendt, Hannah. *The Human Condition*. Chicago: University of Chicago Press, 1958.

Atterton, Peter. "Face-to-Face with the Other Animal?" In *Levinas & Buber: Dialogue & Difference*, edited by Atterton, Matthew Calarco, and Maurice Friedman, 262–81. Pittsburgh: Duquesne University Press, 2004.

Bal, Mieke. *Death and Dissymmetry: The Politics of Coherence in the Book of Judges*. Chicago: University of Chicago Press, 1988.

Barnard, Alan. *History and Theory in Anthropology*. Cambridge: Cambridge University Press, 2000.

Bateson, Gregory. *Steps to an Ecology of Mind*. London: Granada, 1973.

Bauman, Zygmunt. "The Holocaust's Life as a Ghost." In *The Holocaust's Life as a Ghost: Writing on Arts, Politics, Law and Education*, edited by F. C. Dacoste and Bernard Schwartz, 3–15. Edmonton: University of Alberta Press, 2000.

———. *Postmodern Ethics*. Oxford: Blackwell, 1993.

———. *Wasted Lives: Modernity and Its Outcasts*. Oxford: Polity Press, 2004. Beeby, Rossyln. "Genetic Dilution Dogs Dingoes." *Canberra Times*, 2 July 2007. Benjamin, Walter. *Illuminations*. Translated by Harry Zohn; edited by Hannah

Arendt. New York: Schocken Books, 1969.

Bloch, Ariel, and Chana Bloch. *The Song of Songs: A New Translation with an Introduction and Commentary*. Berkeley and Los Angeles: University of California Press, 1995.

Boyce, Mary. "Dog in Zoroastrianism." *The Circle of Ancient Iranian Studies*. 1998. www.cais-soas.com/CAIS/Animals/dog_zoroastrian.htm.

———. *A History of Zoroastrianism*. Leiden: Brill, 1975.

Boyle, Peter. *Apocrypha: Texts Collected and Translated by William O'Shaunessy*.

Sydney: Vagabond Press, 2009.